悅讀的需要，出版的方向

BRAND
INTIMACY

里奧·納塔雷利

娜·普拉派爾

溫力秦——譯

$

品牌
親密度

6大原型 × 3大階段 × 3大層級，

強品牌與消費者互動與共鳴，

圈粉又圈錢

A New Paradigm in
Marketing

Mario
Matarelli

×

ina
lapler

R

目錄

PART3

方法與實務

讓品牌勇敢走進人群

黃麗燕／李奧貝納集團執行長暨大中華區總裁

建立品牌愈來愈難，也愈來愈容易。「每人每天要接受 5,000 條行銷訊息的轟炸、花 12 個小時看媒體、查看 110 次手機。」書中的分析，就是我們廣告代理商日常的戰場。這意味著品牌要成功吸引消費者注意、在眾多訊息中脫穎而出更加困難；但反過來說，品牌能與消費者接觸的機會，也愈來愈多。「成功的人找方法，失敗的人找藉口」，無論消費與媒體環境如何改變，那些迷人的品牌，仍然能與消費者親密的互動，只是思維需要更縝密、行動必須更全面。

我們所服務的客戶，多半是國內外各領域的領導品牌，即使這些品牌主已經身經百戰，這幾年，品牌端的焦慮感卻是與日俱增。由於傳統上「push」給消費者品牌的路數，已經行不通了，行銷者在溝

通上的掌握度，也蒙上了不確定性。

這個世代的品牌溝通，是「互動」出來的，品牌故事也是在與消費者互動的過程中構築出來的。舉例來說，我們為某個以「勇於大膽冒險」著稱的品牌，辦了超級熱血的極限體驗活動，參與者可以透過現場的各種氛圍，體會到品牌要傳遞的精神，其他沒有直接到場參加活動的消費者，則是透過參與者在社群上的分享來「間接互動」。值得注意的是，由於這些「間接互動」的消費者，人數可能是直接參與互動者的千百倍，因此「參與者會怎麼分享」、「參與者的朋友會怎麼討論」，就成為你在設計品牌體驗時必須考量的因素。過去，電視廣告播出去就播出去了，哪需要這麼傷腦筋？如今，消費者會如何分享卻至關重要。

不僅行銷活動如此，品牌在日常經營時的挑戰也與日俱增，品牌經營者的心臟要「愈來愈大顆」。今天任何人走進速食餐廳，都可以實驗性地買各種 size 包裝的薯條，然後倒出來，一根一根數，再把比較後的心得，以聳動的標題貼在社群媒體上。過去，這叫做「可容許的誤差」，現在，任何的誤差都可能對品牌產生嚴重的傷害。有趣的是，在實務的經驗裡，你的品牌「鐵粉」在其他人來找碴時，有時也會搖身一變，成為你的品牌鐵衛軍——他們挺身而出為你的品牌辯駁，覺得發文者在小題大作。在社群時代，與消費者培養親密感已經不只是讓你的行銷更有效率，更是生存的重要法則。

社群時代的品牌經營，因此變得更難了嗎？我們看到更多新興品牌，在很短的時間內就培養出眾多喜愛它們的粉絲。這些數位原生世代的品牌主，靈活運用群眾募資、妥善經營自媒體、公開消費者的真實評論、連結網紅經濟，創造出「這是我們與消費者一起創造」、「我們與你一起進步」的品牌親密感。其實方法一直都在那邊，只是你有沒有去用它而已。

品牌的迷人之處，就在於它有價值主張、個性、有溫度、有故事，像是一個活生生的人。有了社群的連結，品牌真的能實現走進人群、與消費者互動的可能性，但最重要的是，品牌經營者是否真的跨出這一步？本書透過清晰的邏輯與案例，讓我們看到品牌在這個世代應該往哪裡去，當目標很清楚，建立具有親密感的品牌，也就愈來愈容易了。

強勢品牌的塑造

陳偉志／Labsology 法博思品牌顧問策略暨設計總監

這是個品牌的時代，做品牌不是要不要的問題，而是怎麼做的問題。我們常聽到「公司要不要做品牌？」這樣的討論，但事實上，每個公司對於其顧客，都是一個品牌，也都需要將自己的品牌管理好，才能夠吸引到顧客與其做生意，因此，不論是 B2B 或 B2C 模式的公司，塑造一個強而有力的品牌對於每個公司都是個必行之事。

現在，不只公司有品牌，因為社群媒體的興起，媒體權力下放，每個人都有了更大的發聲權，點擊幾下就可建立粉絲團，輕易開始自己的品牌，再加上產業分工更加細緻，就算沒有工廠，我們也能夠找到廠商進行少量代工產出商品，因此，建立品牌的門檻相較於過去其實是低上許多的。但是，建立品牌的門檻降低，也代表著品牌

競爭的加劇，品牌來來去去，新品牌不斷冒出，同時也有許多品牌消失，塑造一個成功品牌的門檻反而是不斷增加的。

要如何建構一個成功的品牌呢？是投入行銷預算，不斷接觸新的消費者，並讓其成功購買我們的產品嗎？根據研究指出，開發新客戶的成本，是維繫舊客戶的五倍，因此若要更有效地運用行銷預算來創造績效，既有客戶的關係維繫勢必是個重點，這也是一個品牌能夠轉變為成功品牌的關鍵，將行銷的關注點放在客戶終身價值，維持與客戶的長期性關係，而不僅僅是初次的購買轉換。

法博思協助客戶建構品牌多年，科學化與系統化的品牌建構方法一直是我們服務的核心，而在我們的品牌建構模型中，其中一個重要的組成要素就是「品牌消費者關係」，是以擬人化的方式去定義品牌與消費者之間的互動關係。這次看到《品牌親密度》這本書，沒想到其概念竟與法博思的系統如此接近，並以科學化的方式去深入探討研究這份關係，且更精確地定義，讓我們對於品牌與客戶關係的形成有更深入的認識，也因此能夠更有系統地去管理，並幫助品牌與消費者建立更緊密的連結。

品牌親密度不同於以往的行銷概念，強調行銷漏斗與購買轉換，而是將重點放在購後客戶關係的建立，也因此更專注於客戶的終身價值。此外，在作者的研究中，發現品牌與消費者的關係，竟有如人與人之間的親密關係，並在此基礎上，發現品牌與消費者的親密關

係有六種典型模式，書中稱之為「原型」，此六種原型是促成消費者與品牌之間形成連結的基本元素，品牌操作者也可搭配應用此六種原型來與消費者建立親密關係。而建立親密關係的發展過程，可分成三個階段，此三階段也與人際親密關係的發展十分相似，同時也代表著親密關係的強度。最終，品牌操作者可以透過三個層級架構，來發展品牌與消費者的親密關係，並透過這三個層級架構的發展，完整塑造品牌的各個面向，建構一個更親密的品牌。

在這個充滿品牌的時代，大面積的訊息傳播方式已不再有效率，更專注的品牌，甚至是我們說的社群性品牌，也就是以更親密的關係，讓品牌與消費者形成緊密連結的群體，將視角從單次購買轉換，調整成長期性的顧客終身價值，並運用「品牌親密度」的思維更深入地與客戶互動，如此才能打造品牌的強健基礎，塑造出能夠永續成功的強勢品牌。

各界讚譽

「品牌專家蕾娜・普拉派爾和馬里奧・納塔雷利合著的《品牌親密度》，揭開了品牌之所以強大的內在真理——最卓越的品牌能夠與顧客之間建立親密又持久的連結，造就營收的成長並產生價值。《品牌親密度》讀來鏗鏘有力且充滿真知灼見，以令人耳目一新的視角，闡述如何在現今的超連結時代建立品牌並強化顧客連結。本書彙整了科學、分析學、心理學並做足了研究，再搭配簡單的實例，協助品牌及品牌擁有者達成目標。」

——強納森・貝爾（Jonathan Bell）／品牌諮商公司 WANT Branding 管理合夥人

「嶄新的時代已翩然來到，當前最重要的任務莫過於找出人的決策模式，無論是跟品牌有關的決定還是人在社會中的角色。《品牌親密度》闡明了情感在決策過程中的重要地位並以數據來呈現，書中的概念讓人獲益匪淺，有助於實現訴諸情感的品牌親密度。」

——約翰・迪芬巴克（John Diefenbach）／調研公司 MBLM 董事長暨 Landor 前執行長

「多虧了 MBLM 的洞見與創意，幫助我們鞏固品牌並提升了我們與消費者連結的方式。」

——喬治歐・蓋里（Giorgio Galli）／天美時集團（Timex Group）設計總監

「這是一本必讀之作，抓到了如何訴諸直覺與情感，創造強大品牌的要領。」

——史法蘭・戈姆利（Fran Gormley）／登商學院（NYU Stern）兼任行銷副教授

「針對是何激發了人們與品牌產生共鳴以及如何藉此發揮優勢做了十分犀利的分析。無論是《品牌親密度》這本書還是它所闡述的觀念，都不容行銷人員錯過，這同時也是品牌可善用的利器。」

——薩米・梅恩（Sami Main）／《廣告週刊》（*Adweek*）數位媒體記者

「強力推薦行銷人員或商業界領導人閱讀《品牌親密度》，本書勢必會顛覆行銷人員的思維模式。」

—— 吉爾・馬蘭奇諾（Jill Malandrino）／那斯達克綜合指數（Nasdaq）全球市場記者

「《品牌親密度》是尋求擴展品牌和業績的人必讀之作。這本書發揮了思想檢驗的作用，一方面對現有的行銷思維提出質疑，另一方面又透過縝密的探查及消費者洞見，找出更理想的解決之道。」

—— 漢薩・穆斯塔法（Hamza Mustafa）／ PCFC Investments 執行長

「《品牌親密度》堪稱是一本建立品牌的綜合指南，適合所有現代的行銷人員和商業高管閱讀。」

—— 理查・魯本斯坦（Richard Rubenstein）／ Rubenstein PR 總裁

「本書令人又驚又喜，它示範了企業經營方式跟品牌管理方式不能劃上等號的道理。以組織為中心，將情感列為第一優先，把品牌關係視為人際關係一樣來思考，這些方法融合在一起便造就了極為強大的途徑，遠勝多數商業書籍所支持的理論。」

—— 大衛・史賓瑟（David Spencer）／杜拜高爾夫策略顧問

獻給丹尼爾・康納曼（Daniel Kahneman），
他改變了我們對思考的看法。

前言：本書宗旨為何？ 為什麼現在推出？

20 多年來，在待過許多品牌公司，走遍世界各地，跟各種人打過交道之後，我們領悟到，成長無論是何種形式，其實就立基於所有客戶需求的核心之中，而「品牌」則是刺激需求最為有效又強大的工具。在這個人與人的連結愈來愈緊密的世界，企業依然渴望成長，但面臨的挑戰卻變幻無常。舉個例子來說，政治腐敗會衍生民粹主義以及反體制派，導致人口極化分布，而偏激的觀點也會對貿易、供應鏈優化和全球化造成衝擊。再以內生性成長為例：過去十年來，很多公司優化了成本，把組織精簡再精簡以節省成本並取得最大獲利。但接下來呢？該怎麼做才能創造新的成長？科技已經顛覆了職場、居家和休閒生活的各個層面，這點大家有目共睹。大大小小的

公司面對的是快步調的創新循環，伴隨著機會成本攀升以及深層的風險，這些很有可能在一夕之間把公司淘汰出局。最後，消費族群已然轉變，有鑑於此，如今正逐漸老去的嬰兒潮，他們那些為人所熟悉的聯想與行為也有了改變。新的消費族群——千禧世代——正冒出頭來，這是一個截然不同的世代，需要我們重新去理解，才能真正有效地觸及他們。

究竟各行各業該怎麼做才能進步？品牌又扮演何種角色呢？

品牌可以成為創造機會的關鍵資產，但必須用有別於傳統行銷人員或商學院所建議的方式來思考品牌，才能發揮效果。換句話說，品牌需要一個適用於當今世界的全新典範。

如何才能擁有這種新思維？我們花了將近十年的時間，以 1 萬 2,000多位美國、德國、日本、墨西哥和阿拉伯聯合大公國的消費者為對象，進行質化與量化研究。另外又挑出了 2 萬多筆質化品牌故事進行解讀，這包含了 2,000 多頁逐字引述消費者回覆的內容，闡述消費者個人如何與品牌建立關係。接著我們轉往量化研究，利用數年的時間分析了 10 萬筆品牌評價。透過因素分析（factor analysis）和結構方程模型（structural equation modeling），我們深入掌握到應該拉下哪些槓桿，才能把品牌與消費者連結在一起。我們也建構了資料引擎來計算和對照，以及隨時提供排名、直接比較和詳細品牌分數。另外我們也用了自己設計的新典範來創造品牌及重振既

有品牌。從 2015 年起，每年我們都會發布親密品牌及其影響力的年度研究報告。

不過，現在先停下來思考一下。

人其實都是由品牌所塑造而成，無論我們是否意識到這一點。

這段塑造的過程從小時候玩的玩具卡車和公主玩偶開始，然後隨著年紀增長而持續下去。人所駕駛的汽車、喜愛的居家用品、吃進肚子裡的食物、身上穿的衣服、遊玩的地方、熱烈支持的球隊、崇拜的名人偶像、信賴的企業公司、投票選出的政治人物……一般人或許不認為上述行為是品牌選擇，但其實這些都是行銷人員耕耘了數十年，創造了各種感覺和聯想，才會讓消費者想要嘗試或購買某個特定品牌。

每當我們向消費者請教讓他們覺得很親密的品牌，剛開始多半會聽到這樣的回答：「我沒有特別喜歡某個品牌。」但如果深入詢問他們開哪種車、用哪種相機和手機、穿哪款運動鞋、最愛喝哪種飲料他們才頓時發現自己原來對所愛的品牌是如此熱烈地支持。

換言之，人對品牌的依附其實比自己想像得還要深。

這是因為品牌不只是個名稱，也不只是標誌或者是廣告曲而已。沒錯，品牌正是一種商業資產，會為提供品牌的公司創造價值；沒錯，

品牌也可以是產品、服務、人和場所；沒錯，品牌可以刺激需求、拉高溢價及提升忠誠度。但品牌還不只如此，或至少可以說，品牌所擁有的能耐絕不僅止於此。

話說回來，既然市面上探討品牌的書已經夠多了，為什麼我們還要湊熱鬧再寫一本呢？

原因很簡單。我們早就發現打造品牌的途徑大多有如一灘死水，窒礙難行。這些途徑所標榜的模型、結構與思維都是**數十年**前的東西。在當時來講，那些觀念確實領先群倫、走在尖端，但世事的變遷流轉已經讓這些途徑不再適用而落伍了。不妨從這個角度來想：說實在的，你現在還會用 1980 年代的電腦嗎？也許那個時代的電腦功能對你還有些用處，但它的功用畢竟很有限。它可能沒辦法跟新推出的軟體相容，也不能與其他裝置同步，共用檔案的時候八成會出現相容問題。行銷基本上也是相同的道理。為什麼要用昨日的思維來因應當前（或明日）的挑戰呢？

如今我們已經知道，人類是根據情感和直覺來做決定和處理資訊的，毋庸置疑。

拜神經科學與行為科學的重大發展所賜，這是相當新的知識，跟過去把人類界定為理性又深思熟慮的生物那種主流觀念有很大的差別，然而大多數的行銷人員和商業界領導人卻無視於此洞見，依舊忽略

了「情感」這個塑造與擴充品牌最強大的要素。確切來說，就是他們仍然把理性的階層式思考看得太重要，而這樣的思維其實都是建立在如今已知是有缺陷的決策觀念之上。歸根究柢，這些人先是誤判了市場，導致最後給錯了藥方。

我們不禁思考，結果為何沒有改變。

過去證實有效的既有做法很安全，新鮮大膽的途徑卻多了那麼一點風險，致使決策者對改變躊躇不前，這跟情感一樣是個值得探討的重大課題。

沒錯，這的確又是一本談品牌的書，但**絕對不是**大同小異的書。它可以讓你在當今市場高唱凱旋之歌，顛覆一般的思維，完整呈現新的典範，致力於建立與顧客之間的連結，把品牌親密度的學術觀點轉化為具啟發性又激勵人心的行銷模式，以利打造成功的品牌。這同時也是一本確實能有效促進成長、增加獲利的書。

歡迎來到品牌親密度的新世界。

一覽最早的靈感來源、不斷進化的行銷風景、
既有的品牌策略以及質化研究的初步新發現，
並針對昨日思維之所以不適用於現況、
品牌必須求變的原因做概略的闡述。

PART1

背景脈絡與
初步認識

CONTEXT & UNDERSTANDING

品牌的力量

我們深信品牌具有啟發、校準及歷久不衰的力量,但失準、一敗塗地或就此銷聲匿跡的品牌,我們也見過不少。身為合作夥伴又是從業人員的我們,數十年來在世界各地為各行各業中不同類型及規模的組織打造品牌。這一路走來,我們尋尋覓覓,企圖找出品牌之所以能大鳴大放、打動人心又令人永誌不忘的背後真理。

就其核心而言,我們認為用「關係」——即某種以價值、信念、聯想和表現為發展基礎的連結——來形容品牌最適合不過。此外,品牌是錯綜複雜、變幻無常的,往往難以掌控,也不會屈從於你的意志,跟人與人之間的關係十分相似。用這種概念來描繪品牌這樣十

分抽象的東西，可以說顛覆了過去的思維。「品牌」這兩個字，一直被曲解為意指一切跟名稱或標誌乃至於商譽或公司向外傳播的訊息或宣傳活動有關的東西。這些元素固然都是品牌的一部分，但若能以所創造的連結為焦點，而非去注重那些無作用力的表現物，反而能開闢扭轉乾坤的新思考方向。

數十年來在實務上利用品牌來推銷或販售產品及服務的做法，往往都把品牌視為靜態元素，傾向於用偏理性又務實的方式來建立、測量和管理品牌，但這樣的模式似乎違背了消費者當初一開始受吸引時其背後的情感本質。隨著時間過去，我們逐漸懷疑，應該有更好的途徑可以用來了解、塑造和管理品牌。我們正是憑藉這樣的念頭，踏上了這段長達 20 年的旅程，從實際參與打造的品牌以及我們雖未能躬逢其盛但十分仰慕的品牌當中，吸取許多心得訣竅。

我們跟 MBLM 的夥伴攜手合作，見識到打造品牌這件事於數十年來的演進，且有這個榮幸能建立及打造一些全球聲譽最佳的品牌。以下概述我們以十年為單位歸納出來、最深刻且重要的品牌塑造方式。

品牌即資產這樣的概念，盛行於 1980 年代的大公司（多半是歐美公司）。1990 年代的品牌隨著併購風起，再加上公司擴張的推波助瀾，而逐漸邁向全球化，跨越了國與國之間的界限，也跨越了不同的文化與消費族群。

到了 2000 年代，網路革命開始對與行銷及品牌有關的一切發揮它的數位影響力。總歸來說，「從實到虛」（from bricks to clicks）這四個字象徵的正是那股恨不得把各種數位元素注入品牌的滿腔熱血。至於 2010 年代，科技的發展仍持續刺激品牌的創新與突破，發揮各種作用力來賦予品牌更多能力，並使品牌達到前所未有的普及，諸如資料、先進的演算法、社群媒體和行動應用都只是其中的一部分推力而已。

1980 年代　　1990 年代　　2000 年代　　2010 年代

我們相信品牌還會迎來新一波的轉型，但是在那之前，先來仔細看看近幾年一些不容忽視的品牌轉型里程碑。以下精挑細選的幾個案例，除了說明品牌所蘊含的影響力和潛能之外，也有助於描繪我們在塑造品牌以解決重大商業挑戰時所經歷的過程。這些案例大多發生於 2000 年代，主要是在解決全球品牌的特殊難題，且多半將數位作為關鍵元素來使用。我們後來把過程中的心得歸納出一些做法，應用在我們協助擴展的每一個品牌上，這些心得正是本書的特點。

我們從自身打造的數百個不同產業與國家的品牌中，挑出以下六個品牌及經驗跟大家分享。

轉型與重生

UPS

當一家企業有機會成長或擴張，其品牌又有能力領先群倫的時候，呈現出來的品牌力量最為明顯又最令人心悅誠服。這種狀況下的品牌唯有改頭換面才能脫胎換骨，並且更加壯大。品牌必須具備與員工、合作夥伴、顧客和消費者建立很多新連結的能力才行。對大型組織來說，這不但是龐大的挑戰，過程也極其複雜，往往得耗時多年，需要全心全意地投入。

參與 UPS 的全面性品牌再造就是品牌大規模重整最鮮明的例子。UPS 這家具百年歷史的公司當時正打算擴大公司的主力項目、事業版圖及其影響力。公司於 1907 年在西雅圖以零售商品遞送服務起家（旗下貨運車的棕色車身彰顯的正是該公司一流的服務水準），後來逐漸建立起名聲，在美國提供最值得信賴的快遞服務，並躋身為專精商品、資訊與資金移動的國際物流公司。然而，為了填補公司與客戶之間的認知缺口（perception gap），UPS 品牌必須進行改造。在這之前，品牌著重的是公司悠久的歷史，不過現在品牌需要

具備的則是預示公司未來前景的能力。

MBLM 合夥人兼總裁克勞德‧薩爾斯伯格（Claude Salzberger）對
他這幾年所主導的工作做了以下描述：「整個過程最重要的地方，
就是我們在做了各種研究、訪談並予以分析之後，從中歸納出兩大
要素，一個是強大的品牌策略，另一個則是有效的視覺識別（visual
identity）。第一個要素會帶動第二個要素的變化，兩者共同反映出
企業的發展潛力。我們設法將威力十足的商業構想轉化，用一個成
功在望的品牌新面貌來呈現它。換句話說，我們實際抓出了公司的
強項，並且把這些強項提升到更高水準。」

對於 UPS 複雜的新品牌定位行動方案，可以用「與商業界同步」
（synchronizing the world of commerce）這個策略一言以蔽之。
它不但是品牌轉型的基礎，也是公司用來摸索方向的羅盤。以此架

● UPS 品牌識別的轉型沿革

1920 年代　　　1937 年　　　1961 年　　　2003 年

構為出發點並掌握清晰的未來願景之後，品牌再造的種種做法便顯得既鮮活又大膽。為了展現並加強商業同步的概念，色彩方面經過精挑細選，另外還設計及創造了各種特色與圖示。UPS 的品牌再造牽涉到 35 萬名員工、世界第九大的航空貨運機隊，以及所有車輛、制服和每一件包裹，是大規模轉型與重生的絕佳範例……光是 UPS

◐ UPS 品牌再造後的各種接觸點

品牌再造的故事，就能寫成一本書了！

這是一場盤根錯節的品牌再造行動，我們從它的來龍去脈掌握到一個十分實用的心得，那就是焦點明確的品牌策略和設計只要執行得當，就能發揮強大的凝聚力，加速大規模商業轉型的進行。品牌是如何主導企業的發展，讓企業以其為馬首是瞻，UPS 的故事做了最完美的示範。品牌必須同時做到「放眼未來」和「落實現在」，但不少品牌往往只針對現況而設計，故也侷限於當下。這種做法固然看似步步為營，卻容易侵蝕品牌的潛能，使之難以激發員工及合作夥伴，限縮了品牌創新與成長的機會。

英特爾

英特爾（Intel）品牌再造的難題，主要跟品牌或品牌組合固有的複雜關係有關，倒不是外界因素所致。企業與產品品牌之間的「父子關係」（parent/child relationship），往往需要格外小心。

英特爾是世界數一數二、最有效益的要素品牌（ingredient brand）。以 PC 相容機來說，「內建英特爾」（Intel Inside）就是英特爾運算能力的代名詞，除了打造出合作夥伴與製造商都很熟悉的處理器晶片組合，也成功促成消費者對該品牌有強烈意識的行銷宣傳，但可惜缺少了一個能跟產品及內建英特爾行銷宣傳連結的企業品牌。Pentium 處理器可靠的功能或者是 Intel Inside 的益處沒有

人不知道，然而在這些提供物的背後，英特爾這家公司的本質與價值對一般人而言卻依然模糊不清，既沒有視覺上的連結又遙遠飄渺，這可以說是子品牌（產品或行銷活動）凌駕於母品牌之上的典型狀況。因此，讓企業品牌回歸到大局當中，正是英特爾的當務之急。

此役的關鍵在於找到有效方法，把內建英特爾行銷宣傳成功的面向跟企業品牌本身相互串連，另一方面又要同步賦予品牌更廣闊的範疇和更深層的意義，好讓品牌能主導下一代的科技進展。另外，就跟 UPS 的狀況一樣，品牌再造行動會為公司豎立鮮明大膽的新願景，吸收要素行銷宣傳（ingredient campaign）的正面價值，以更有意義的方式連結產品，並激發整個包括員工、投資者、合作夥伴、消費者與供應商在內的利益相關者大生態體系。

◖◗ 英特爾品牌的沿革

品牌再造之前的企業品牌與內建英特爾標誌

品牌再造之後最新整合的企業識別

我們從英特爾案例所吸取到的經驗，就是品牌很少能單獨存在，往往必須跟其他品牌及其固有聯想相比較，才能掌握到品牌的力量。唯有把所創造的整個價值生態體系及每個有影響力的品牌所扮演的角色摸個一清二楚，才能完全駕馭品牌。由此看來，價值從母品牌創造而起並向下延伸到子品牌最為理想，但偶爾也會出現子品牌先創造價值，再往上擴及到母品牌的狀況。

美國航空

美國航空（American Airlines）的品牌再造歷經將近十年的時間，對許多領導者和高階主管循循善誘和遊說。管理高層執著於縮減成本差不多快十年之後，終於領悟到集中心力落實最好的顧客體驗才是當務之急，而這一切就從引進 600 架新機，汰換老舊機隊開始做起。這項決策開啟了契機，從上到下重新改造乘客的旅程體驗。為了將這些重要方案昭告天下，美國航空著手推動了全面性的品牌再造計畫。

品牌諮詢與設計公司 FutureBrand 是廣告公司 IPG 集團（Interpublic Group）的子公司，肩負重振美國航空品牌的責任，克勞德·薩爾斯伯格受邀領導他們的團隊，目標是革新該航空公司已經用了 40 年的企業識別。克勞德指出：「美國航空有機會抓住關鍵時刻，重新定義國內飛航體驗，也有機會恢復昔日該航空公司在航空界傲視群雄的地位。將新品牌跟一系列各種不同的通路、接觸點（touchpoints）

和體驗天衣無縫地整合在一起，對航空業來說是相當艱鉅的挑戰，往往不是其他產業可以相比的。從規劃旅程、預辦登機，乃至於機場報到登機、搭機中以及搭機後，整個顧客旅程是一脈相承又反覆與品牌接觸的介面。」

數位化的接觸點和通路、線上報到、手機 app、報到機、出入口監

美國航空的品牌再造及數位體驗

視器、機上娛樂系統以及各種介面逐步提升了顧客旅程，在這種情況下，管理品牌的角色與呈現就顯得非常重要。裝置螢幕背後涉及到許多系統、app 和工具，這些東西又分別由各種不同的技術所支援，並且連結到眾多資料來源以及層層交疊的數位基礎架構。儘管大家普遍認為實體元素的品牌再造更花錢又更複雜，但現今的數位場域在轉型時所面對的挑戰其實更是難上加難。

為此，MBLM 團隊汲汲於確保使用者經驗（user experience）的連貫一致，以便完整呈現品牌的個性，全盤掌握校準新品牌並使其在複雜的數位空間發光發熱的重要性以及所必須付出的努力。我們運用「個人化」、「一致性」、「簡約」及「易用性」這四項原則，來重新發想行動暨線上社群經驗、出入口監控和報到機這類的東西。找出更強的連結可以發揮哪些重要作用之後，我們設計出模組化圖形使用者介面（graphical user interface，簡稱 GUI）套件、數位方針和詳細的產品規格，以便讓四項原則能擴大運用，確保一致的使用者經驗，盡情呈現品牌的個性。

這裡所談的重點在於，促成銜接得當以及顧客經驗一致的力量會觸及到所有接觸點，而當中最為關鍵的莫過於數位場域。人們在任何時機點對品牌產生的任何經驗都具有影響力，也因此確保消費者的參與一致又順暢至為緊要。

雄心壯志與浩大規模

杜拜棕櫚島

當產品就是品牌的時候，要處理的關係通常很明確，從提供物就能看到要帶給消費者何種感覺。產品品牌是具體有形的，比方說從嘴巴裡嘶嘶作響的泡泡，到刮鬍刀順暢滑動的感覺，這些都是品牌得以定位的養分。

也因此，當品牌是世界上最大的人工島，還要五年或更多時間才能完工時，想想看定義這樣的品牌會是多大的挑戰。如此雄心壯志，其規模和複雜度不但前所未有，也顛覆了大家對品牌的功能與定義的認知，它可以是一種象徵、啟發或者是社區，甚至是一個觀光勝地，遠不只是產品或標誌。

在杜拜棕櫚島（The Palm，在當時尚未取名）的案例中，我們看到了以大膽及獨特性來講既脫俗又極致的東西。此開發案位於緊鄰阿拉伯灣、在當時來說知名度尚低的杜拜酋長國，由少數受信任的政府官員來執行，但這些人員毫無公司實體及房地產方面的經驗，這一點又使情況更為複雜。

杜拜的祕訣「願景型領導」，很快就浮上檯面。從統治者謝赫‧穆罕默德（Sheikh Mohammed）到他手下的資深主管三人小組，都可

以看到野心、慾望和實踐能力完美集結於一身。我們必須徹底改造建立品牌的觀念，配合前所未見的龐大規模和步調，以果決、速度和全心投入為目標。

更重要的是，為了棕櫚島開發案，我們不但必須在品牌真正出現前的好幾年就先定義品牌，同時還得賦予品牌可信度、信賴感和奇蹟。「擁有世界第八大奇蹟的稱號」正是我們對棕櫚島設定的鮮明定位，頭兩個字「擁有」是很重要的關鍵字。棕櫚島是第一個可以讓移居杜拜的外國人終身持有不動產的地方，所以我們決定在後續品牌的各個層面上強調這個特點。我們也設計了散發內斂優雅和頂級氛圍的標誌與視覺風格，來搭配此強勢標語。

各種素材因應而生，勾勒出專業和信賴的輪廓。這個美夢即將成真，勢必會改寫房地產和旅遊觀光業的版圖。我們想強調這是可以讓人融入其中成為一分子的東西，而不只是用來讚嘆膜拜。

有鑑於此開發案的規模，在塑造品牌時也必須滿足很多奇特的需求，比方說用當地棗椰樹的種類為島上每一條街道命名，或者是在飛船船身打上棕櫚島商標，為房地產持有者或可能前來購買房地產的新客戶提供尊榮體驗這樣的計畫。倘若你的品牌可以從外太空清楚看到，想必你一定會千方百計展現這項產品的景觀視野。在某些狀況下，你或許會把買家和未來顧客載到空中，飛行在人工島上方，讓他們從天上欣賞棕櫚島之美。

該做的事不僅止於此。早在行銷部門或銷售中心成立之前，完整的品牌基礎已經打下。我們在計畫未臻成熟前便設計了呈現方式和畫面，並定義了標語，以便打造讓全世界買主趨之若鶩的多元化產品，達成創紀錄的購買率。

棕櫚樹人工島把杜拜推向國際舞台。無論是就產品或商業而言，多

● 棕櫚島各式各樣的接觸點

虧了品牌擔起開疆擴土的重責大任。杜拜確實是個擁有獨特魅力又充滿奢華感的世界級觀光勝地，這樣的所在由少數幾個人的願景和強勢品牌塑造而成，不但大受歡迎，而且是一個從太空也清晰可見的地方。

從棕櫚島案例可以清楚看到，大膽創新、拿下新里程碑並與顧客建立密切連結格外重要，這些環節甚至在品牌打造完成的好幾年前就要做到。我們學會了持續用新方法來打入市場、不畏懼實驗，以及真心讚揚如此雄心壯志與浩大規模。

墨西哥

如果說世上最大的人工島挑戰度還不夠，那麼把雄心壯志放在改造一整個國家上怎麼樣？墨西哥是全球十大熱門觀光國之一，我們受僱為該國開發全新的視覺識別與定位。此品牌必須把墨西哥從千年歷史古蹟、殖民遺緒和多元地貌，到它生氣勃勃的文化和現代感這些最精華的層面呈現出來。該國的目標受眾數量可觀，其廣度與多樣性都增加了此項任務的複雜度。因此，這個品牌所做的任何改變，都必須對政府、地區及城市旅遊局和各式各樣的旅遊業單位所祭出的多種行銷方案產生加分效果。

為了吸引關鍵受眾的目光，譬如觀光客、觀光業從業人員、外國投資者、貿易商和國際領導人，我們特別開發了多層次的品牌訊息和

策略。除了必須在這些利益相關者之間建立有效的關係，也要打造
強大的品牌視覺呈現。

我們認為真正的挑戰應該是在如此複雜的任務中找出單一焦點，讓
我們能夠盡情發揮墨西哥多元歷史與文化的優勢。後來我們領悟到，
品牌的焦點其實應該就是該國的豐富性與廣度；換句話說，藉由強

墨西哥的新品牌

調正宗料理、建築的壯觀宏偉、絕世美景和令人驚艷的歷史就能建立起連結。也因此，墨西哥的新國家品牌會把一個數百年來不斷在演進的地方清楚呈現出來。

墨西哥文化固有的元素，包括歡樂氛圍、歷史、樂天和文化多樣性在內，以色彩繽紛的標誌來呈現，標誌上每一個字母裡面所點綴的圖案，則象徵墨西哥的特殊面向與主要特色。

墨西哥國家品牌採取布局全球的路線，以此來促進品牌的發展。我們設計了一些傳播素材和方案，比方說「品牌大使計畫」（Brand Ambassadorship Program）就是在運用最重要的文化個性、藝術、貿易、運動和娛樂場域，利用傳統媒體之外的方式散播新訊息，將觸角伸入世界各地，用獨特的人文精神來推銷及歌頌國家。除此之外，MBLM 也創建了全新的數位平台，以豐富的內容和針對各個重點市場區隔所精心打造的個人化體驗，令訪客賞心悅目。另外還建有多種投入規劃工具，充分利用國家豐富的樣貌。網站的設計色彩繽紛，更進一步體現墨西哥國家品牌的精髓，也凸顯了地理與文化上的多元性如何造就墨西哥成為真正獨一無二的觀光勝地。

我們從墨西哥的案例得到兩樣心得：其一，豐富多元的國家品牌就應該受到盡情讚揚，而不是去壓抑它；其二，觀光勝地具有經驗導向的特色，必須隨時把自己的本質展現出來。我們在數位方面的耕耘與品牌開發搭配得宜，進而擴充了品牌功能，使其得以跟旅客建

立更密切的關係。把不同的利益相關者凝聚在單一國家品牌的旗幟之下，也顯示出行銷方案的協調一致十分重要，因為這些相互搭配的方案可以改變消費者的感知，而不是各憑本事去搶攻心靈占有率（mindshare）。誠如 MBLM 創辦合夥人之一艾杜阿多・卡德隆（Eduardo Calderon）所指出的：「我們成功協助打造了一個能夠讓不同區域、城市和單位攜手合作又引以為傲的品牌。它創造了更強勢的墨西哥國家品牌，顯然也是一個凝聚力更強的經驗。」

文化與校準

PAYPAL

大品牌反映了經過校準又強勢的組織文化，但無論品牌如何打造，當中最大的變數莫過於員工的配合度。想要有效率地凝聚內部利益相關者的力量，激勵他們代表品牌傳播口碑，成敗關鍵就在於投入的時間與精力，然而這兩樣要素卻往往受到忽略或不被看重。同樣地，相關的合作夥伴、代理商和廠商也可以在品牌打造的過程中扮演重要角色，但可惜多半未能被充分利用。

近 20 年來，我們特別留意品牌的發布與管理這個面向，並開發出獨門工具和技術，以便有效控制品牌的演進與培育。原本在 90 年代中期用來管理品牌的資產及資訊散播的軟體，後來逐漸被我們改造成

供社群協作、參與和即時提供協助的平台。我們的專屬軟體解決方案 BrandOS，經過改良後變得更簡單又更智慧，能幫助品牌成長，適應變化永不停歇的全球市場，並且達成目標。

PayPal 就使用了這款軟體平台。這家公司經過品牌再造之後，決定使用我們的平台。當時它正打算淘汰各種不同的平台和工具，以簡化品牌的管理機能，提升公司內部的配合度。PayPal 的當務之急除了透過研究和洞見找出方法，助員工及合作夥伴一臂之力之外，也希望啟發和激勵內部團隊、合作夥伴和代理商網絡，讓他們能夠更

Paypal 的品牌中心

深入了解新品牌。BrandOS 是一個客製化的解決方案，幫助 PayPal
在各種不同的國家、地區和語言環境都能有效地管理、維護及提升
品牌。無論是戰術上或深入管理方面的需求，此軟體因提供平台讓
員工及合作夥伴能與品牌銜接與連結，同時又有各種能高效管理品
牌的資源，因此可發揮校準文化和品牌的效果。

從 PayPal 的案例可以清楚看到，重要的不只是訊息，傳遞訊息的媒
介也不容忽視。比起不能配合的系統和乏味的平台，能促成團結合
作又容易使用的強大工具，絕對是確保行銷部門能成功出擊的最有
效途徑。

1—2

典範轉移

企業動態已然改頭換面，再加上商業界的巨大轉變，促使我們對這些趨勢進行更深入的檢驗。我們從中歸結出三個無可爭辯的因素，指出有必要針對測量、建立與管理品牌的方式豎立新的典範。

今日的品牌

品牌的建立和散播以及跟品牌互動的方式，都已經徹底改變。過去以單向推播策略（push approach）為主，從產品往用戶端推播，並且十分注重聳動的名稱、標誌或品牌主張（tagline），然而這些規則如今都成了行銷人員的瓶頸。

品牌是本書的精髓。20 多年來我們以戰戰兢兢的態度面對品牌的力量，也為能建立一些真正具有代表性的品牌而自豪。我們體驗到這些品牌的神奇魔力，深深被它們誘人的曲調所迷惑，最後更成為這些品牌的崇拜者與創造者。

我們也對品牌的**力量**深信不疑。當品牌強大的時候，它會拉高溢價，拿下更高市占率，表現也會超越競爭對手。此外，這樣的品牌還可以孕育深厚的關係與強大的連結，效果不但能持續一輩子，甚至可以傳承到下一代。想想看有多少人跟媽媽用一樣的洗衣精？或是買一樣牌子的食品？

不過話說回來，我們大概是第一個坦承 20 年前的品牌互動方式早已不合潮流的人。所以我們不禁思考，為什麼現在還在用老套的方法來測量、建立和管理品牌？我們相信真正一流的品牌應該要跟著當前的潮流隨時進行優化。雖然改變會令人坐立不安，但顯而易見的是，為了好好校準品牌，讓品牌能夠在當今的世界蓬勃發展，勢必需要新思維。品牌不再只是藝術與科學；品牌也是心理學，是科技，甚至帶點新宗教的意味。

「品牌」的定義最初固然是指烙上標記，為了表示特定種類或型號（比方說在牛隻身上烙印記號）之用，不過邏輯上是相通的，可用來指出特定產品、服務或公司；某種關係；某種偏好的連結；造就某人挑選了某樣特定產品或服務的聯想、期望和經驗的總和。我們

認為「品牌」一詞已經被劫持了，變成一種現代用語。它原有的含義不是被沖淡了就是遭到濫用，總是流落到只講門面或空洞宣傳的境地，換句話說就是做些無意義的表面功夫又曇花一現的地方。品牌真正的含義逐漸被消磨殆盡，它的潛力也落入相同命運，以致於無法為商業界善加利用。

之所以會有這種現象，部分是因為大家看待品牌的方式以及品牌的意義有了很大的改變。傳統上來說，品牌指的就是某種服務或公司，試圖定義（或重新定義）自己的商譽並提供某種服務或功能。而如今，app、人、政黨、國家、球隊等等都是品牌，不勝枚舉。也因此，過去那種用單向推播策略將品牌的訊息傳播給社會大眾的舊式做法，現在已經落伍了。

我們先停下來想想看。過去，英明的公司會透過市場研究來區隔消費者，找出目標受眾。它們把目標受眾的知覺、慾望與需求加以量化，然後設定品牌定位，善用品牌的長處，讓品牌從競爭市場脫穎而出，打造跟目標消費者切身有關又充滿吸引力的價值主張。此品牌策略接著會交由行銷、廣告和公關公司這一類單位付諸執行或開始推行。這些單位會發想最有效率的途徑來傳播品牌的重要訊息，設法接觸到目標受眾並爭取他們的青睞。獨特又深植人心的品牌識別（brand identity）打造出來之後，接著擬定行銷宣傳活動，而媒體關係部門則負責管理感知、聲譽，同時也要控管危機。品牌管理

者接著會負責維護品牌，使其能因應不斷變化的需求。

自二次世界大戰尾聲到 20 世紀後期網際網路興起，這種策略（不管是什麼樣的形式）至少在多數西方工業化國家來講，一向是業界最佳典範做法。從建立產品或服務的價值到傳播價值，最後再加以優化，這個過程顯然走的是一條線性途徑。品牌的歸屬清晰明確，且目標消費者固定不變、輪廓分明又可量化。

若是以現今品牌而言，光是吸引消費者目光——這意味著必須從已經飽和的市場脫穎而出——就得大費周章。現在的消費者平均一天收到 5000 個行銷訊息[1]。一般人平均一天觀看 12 小時的媒體，一天查看手機 110 次以上[2]。保持息息相關並保有顧客的信賴是永無休止的戰役。

這也是因為重新定義品牌的是消費者，而不是創造者的緣故。品牌的精神——即其在顧客生活中如何發揮作用、產生何種關係、怎麼出現的——如今都掌握在消費者手裡。大概這也是 84% 的千禧世代不相信傳統廣告的原因[3]。因此，如何創造品牌、品牌又是如何傳播與連接（用什麼樣的頻率）都必須跟著調整才能發揮效果。六分之五的千禧世代透過社群媒體跟公司企業連結，會提供個人資訊給信任品牌的機率高七倍[4]。

當今消費者透過數位科技而得以限縮並界定哪些是他們覺得有意義

的價值。他們會找出許多來源，並受到各種層面的影響；然而他們最信任的還是彼此（消費者彼此信賴的現象與日俱增）。根據尼爾森（Nielsen）2015 年全球廣告信任度研究報告（2015 Global Trust in Advertising Report）顯示，人們不信任廣告；至少比不上對朋友推薦和消費者的線上評論那樣信任。這份報告對 60 個國家總計 3 萬多位的網路消費者進行調查，結果指出在各種形式的廣告當中，84%的消費者表示他們信賴「我認識的人的推薦」，信任其他廣告形式的消費者則為 20%。信賴「消費者的網路評論」的比例是 66%，為第三受信任的來源 [5]。人們對於要消費哪些東西、信任誰的意見都變得愈來愈講究。社群媒體的力量塑造了一個影響力十足的網絡，與其相信廣告或那些直接傳達訊息給消費者的品牌，還不如先信任朋友。這對於從事傳播品牌的價值或精髓的人來說，又是一個重大的轉變。

愈來愈明朗的是，在現今的超連結世界裡，傳統的行銷途徑已經趕不上時代。真的會有人相信現在的消費者在被動看了電視廣告之後，就會衝動地想試一試或偏愛某個品牌嗎？當前這樣的環境，公司必須雙管齊下，除了利用各種管道和平台散播訊息之外，也要做好準備幫品牌創建一個可以互動的社群。

今日的品牌若想要連接消費者、產生影響力並追上潮流，就需要脫胎換骨與嶄新的途徑。我們已經找出勝利方程式，可為品牌和行銷

從業人員獻上難得的機會。這一切就從新典範著手，用新典範來建立、維持和測量以情感為發展基礎的終極品牌關係。

為什麼情感對品牌來說至關重要？根據蓋洛普（Gallup）最近一項民調顯示，很多消費者對大品牌無感[6]。往好處想，這表示品牌有很大的扭轉機會，只要品牌能找出填補缺口的辦法。若以終身價值（lifetime value）來看，有情感連結的消費者所產生的價值是高滿意度顧客的兩倍以上。這一類顧客會購買更多某品牌的產品服務，對價格的敏感度較低，也會多多留意品牌傳播，並且更常推薦該品牌[7]。

蓋洛普民調同時也發現，積極投入的顧客在荷包占有率、獲利、收益和關係增進這些層面上，平均高出 23%。該民調也指出，能讓員工與顧客都能投入的公司企業，在跟績效有關的商業成果上竄升240%[8]。另一個發現則是，就消費者所報告的購買產品意圖來講，對廣告產生的情感反應所造成的影響，遠比廣告內容大得多，電視廣告類大三倍，平面廣告則大兩倍[9]。

從當今市場摸索出一條路已經不容易，「品牌擴散」（請參考前文對「品牌」一詞被濫用的論述）又讓情況雪上加霜，想創造獨特性與差異性變得難上加難。競爭對手模仿的速度是前所未有的迅速，從產品特色到訊息傳遞全都能複製，導致各種類別的產品服務和品牌都商品化了，不再具有獨占的優勢。如今唯有在全通路（omni-

®

channel）環境中打造品牌，設法吸引顧客，並且培養一群有影響力又能互惠的群體，才有成功的機會。保持雙向、敏捷，能察覺市場變化、消費者行為和科技發展，是品牌的當務之急。

明日的科技

生活在日趨全球化的互連時代之下，人們對品牌的期待不但升高了，而且還愈來愈苛求、愈來愈迫不及待。我們放在口袋和包包裡那個超級電腦，讓我們能夠接觸到全面提升的生態體系，就是一個最好的例子。智慧型手機這樣一個無所不在的裝置，創造了極為個人化的介面，使人能連結到大量資訊、休閒娛樂、職場和親朋好友。如此令人愛不釋手的科技介面，改變了大家消費品牌的內容、方式和時間。我們分享、學習以及對彼此發揮影響力的方式也隨之變化。人們的認知和信念，其真正的含義大多都是從這個科技介面投射出來的。科技徹底改造了人類的生活，這句話一點也不誇張。

到了 2020 年，連線的行動裝置預估會有 90 億個，這個數字將會比全球人口數高出 16%[10]。透過有線及無線網路（物聯網）連結的實體物品中內建了感測器和致動器（actuator），這些東西的數量在過去五年來增加了三倍，預計到了 2025 年會對經濟產生 2.7 到 6.2 兆美元的影響[11]。

不過短短十年，數位、行動與社群方面的發展就已經大幅改變了人們的行為與反應方式，這當中也包括大家在生活中與品牌的互動模式。誠如先前所提過的，隨著數位裝置、行動力（mobility）、雲端運算、社群媒體和網際網路的擴散，人們可藉由科技用前所未有的方式存取資訊、散布資訊，同時又能夠與他人聯繫、向他人學習並且影響彼此。最終，科技會改變人跟人之間的相處，也會改變人跟公司——人們會研究、購買和討論該公司的產品服務——建立關係的方式。

當然，科技也創造了多元化的新途徑來追蹤和測量品牌。比方說大數據有望解答戰術上的課題，譬如「誰買了哪些東西？」、「什麼時候買的？」、「用什麼價格買的？」、「該如何將消費者所看到的、讀到的和聽到的跟他們所購買的東西做連結？」、「什麼東西最能夠吸引他們？」從增加下一次交易的角度來講，找出這些問題的答案可以創造短期的利潤，不過若把大數據應用在跟顧客保留（customer retention）、顧客黏著性（customer stickiness）和顧客關係有關的策略問題上，也會有機會對長遠效益做出貢獻。也就是說，不只是找出何種因素會觸發下一次購買，也應該設法探究顧客的終身價值何在，以及用什麼辦法可以留住看到競爭對手推出更優惠的價格而想離去的顧客，這些課題的解答反而大大有助於品牌和行銷研究在此新環境中站穩腳步。不過反過來看，大數據也有可能讓人不知所措，因為要從大量的雜訊中解讀信號並非易事。對不

少人來說，不斷加載的資料儘管可以產生新的刺激，但也讓人麻痺，尤其是對大數據進行篩選、統整、理出優先順序或根據所得的洞見採取行動卻遇到瓶頸的時候。

隨著科技愈來愈普及，它所帶來的正反兩面衝擊也更加顯而易見。換句話說，就是科技發展的結果有好有壞。科技創造了快速演進又十分多變的風景，而在這種風景當中，強勢品牌賴以生存的連結有可能得以鞏固，也有可能遭到威脅。在不遠的將來，當雲端運算、穿戴式行動裝置和無所不在的互連感測器統整起來的時候，就有機會發生跟過去一樣具有重大意義的典範轉移（paradigm shift）。在那種新環境，個人的感官會增強，品牌將能夠用過去想像不到的方式吸引消費者，但這種能力又會因為避免資訊超載以及保護隱私權的新責任而有所抵銷。

商業界必須把跟品牌建立親密關係──本書即以此為前提──作為關鍵考量因素，才能在這個有了全新定義的市場旗開得勝。假如品牌打算成為個人知覺網（又稱為個人空間）樂於接納的參與者，就必須牢牢掌握如何與消費者建立「親密」關係的要領，而不只是跟他們「連結」就好。換句話說，科技接觸到一個人的途徑愈是私人或個人化，那麼這個人給予品牌的權限以及對品牌的期望也會愈高。

科技與人類之間新型態的交互作用，已經有很多消費者經歷過，「觸覺回饋」（haptic feedback）就是一個很基本的例子。所謂的觸覺

回饋，就是指內建在智慧型手機、智慧手錶或電玩遊樂器「力回饋」（force feedback）搖桿中的感測器[12]，針對軟硬體所驅動的動作提供實際的「感覺」來作為回應，這種觸覺經驗打造出嶄新的人機介面。

物聯網快速增長，連結了包括日常物品、家電用品和固定設施在內的各種網絡，它的背後也有感測器在撐腰。就商業上的意義來說，物聯網不但顛覆了供應鏈，還能提供即時庫存資料。也就是說，機器會傳送庫存及維修方面的警示，並測量機器本身各方面的性能。或許很多消費者並未意識到物聯網到底對生活產生了何種程度的影響，但各種透過單一網路來相互通訊的裝置，其實都已經逐步進駐居家網絡，譬如智慧照明設施、溫度控制器、煙霧偵測器、保全系統、家電用品及穿戴式裝置等等。一般人大概都小看了現今 IP（即網際網路協定或代表不同裝置在網路上的位址）的數量，其龐大程度令人料想不到。

以感測器驅動的技術與應用，比方說可自行補給的供應鏈、自動城市管理系統乃至於自駕車，儘管看似不起眼卻仍然發展迅速，分析師和各行各業都十分看好其商機。麻省理工媒體實驗室（MIT Media Lab）的學者近來著眼於物聯網的其他層面，探討當一個人可以直接連結到物聯網時，他觀看、聆聽、思考和生活的方式會有何改變。他們認為：「現今環境雖然充斥著連網型電子感測器，但這

些感測器所產生的資料往往十分『隱蔽』，一般人大多覺察不到，只有特定應用方式才用得上。假如我們把這些隱蔽性消除，讓所有連網裝置都能使用感測器的資料，運算無所不在的時代才算真正降臨。」[13] 麻省理工媒體實驗室特別針對此主題研究了幾個課題，譬如「當人連結到一個其實已經無所不在又能抓取資訊供人類覺察的感測器網絡時，人的感官從何而起、從何而終？」[14]、「當人有辦法將自己的感知能力注入到任何時空且沒有規模限制時，『存在』代表的是什麼樣的境界？」[15] 這些學者相信，把感測器資料組合成新一代應用方式的科技公司——又稱為「情境彙集者」（context aggregators）——將會創造運算無所不在的新世界[16]。

這個由無所不在的運算、情境彙集和擴增知覺（augmented perception）所交織而成的新世界，對行銷人員來說代表的是無窮機會，卻也是莫大的挑戰。網際網路崛起之時，心理學家米哈里‧契克森米哈賴（Mihaly Csikszentmihalyi）提及網際網路的潛力時，將之形容為「體驗創造」（staging experience）的媒介。他想探討的是有無可能創造出一種網路體驗，能夠達到「從事沉浸式活動和高難度活動會產生的那種強烈情感投入且記憶永存的狀態」[17]。儘管現階段網際網路無法提供真正的沉浸式體驗，但有了無所不在的運算能力之後，最終仍有可能實現。

這顯然就是促使無數科技公司投入心力發展虛擬擴增實境技術的原

因。早期的穿戴式技術以 Google Glass 的智慧眼鏡為例，該裝置提供了存取資訊、分享內容以及與環境互動的新方式[18]。Google 還推出了「通用分析」（universal analytics）服務，將線下與線上指標整合在一起，這種功能將在感測器所驅動的環境中扮演愈來愈吃重的角色。再以智慧手錶 Apple Watch 來做比較，Apple Watch 不但是蘋果（Apple）第一款進軍穿戴式裝置市場的產品，也是該公司「最私人的裝置」，能讓人們用新方式彼此聯繫、連結資訊，藉由碰觸人們來提供警示、通知和健康監測。事實上，這個裝置等於延伸了穿戴者的感官[19]。

無所不在的感測器運算能徹底顛覆消費者體驗的這個願景，Facebook 大概算是展現得最不遺餘力的公司了。馬克・祖克柏（Mark Zuckerberg）針對 Facebook 收購虛擬實境科技公司 Oculus VR 一事曾表示：「繼遊戲之後，我們打算把 Oculus 變成一個可以提供其他各種體驗的平台。想像一下坐在場邊最前排的位子看比賽的感覺，或是在一個有著來自世界各地的學生與老師的教室裡學習，又或者跟醫生面對面諮詢，這些體驗只需要你在家戴上虛擬頭盔就能得到。這真的是一種前所未有的平台，透過有如親臨現場的感覺，你可以跟生命中重要的人士共享無邊無際的空間與經驗。想想看，不只是在線上跟朋友分享那些美妙的時刻，整個體驗和刺激的經歷都可以共享。」[20]

祖克柏所指的（也是 Google 和蘋果間接提到的）正是科技的轉變。科技一向被視為催化劑或是一種工具，使人能與資訊和他人連結，並提供人類非自身能力所及的運算能力。有了無所不在的運算能力之後，科技跳脫了催化劑的角色，成為一個能讓人類感知世界、與他人互動、娛樂自己，又能把事情做好的特殊環境。

然而，這種新出現的連網型感測器環境在改造了消費者的體驗之後，也連帶產生了一些必須加以解決的重大議題。首當其衝的是隱私與安全方面的顧慮，而用來處理所有連線裝置產生之龐大資訊的各種手段就更是不必說了。人跟人連線之後，必須要能夠行使一些掌控權來保護自身的隱私和安全（譬如限制竊聽者的存取或者是防範駭客）以及保障精神健全（不讓所感知到的資訊隨意流動）。品牌也必須審慎而行，充分發揮催化的功能，但不能濫用。

從行銷觀點而言，這樣一個可以讓消費者連線並有感測器輔助的環境，可以創造很多振奮人心的新機會，而這些機會又有各自的難題。當科技本身已經形成一種環境，那麼品牌就產生了個人化的能力，也就是說品牌在某個人的生活中會更契合他的背景，也更具可預測性。這種新環境充滿驚喜但也讓人提心吊膽，所以人應該要有更多能力來掌控與之互動的品牌和互動的程度。品牌本身也是相同的道理：品牌對親密互動有了更多掌控權和更大的可能性。新形成的東西會有新規則，而品牌關係的雙向能力也會大增。

我們相信，「品牌親密度」的新典範就是品牌想從複雜的科技現實中嶄露頭角，那不可或缺的重要框架。

為什麼這麼說呢？因為只要掌握品牌親密度的奧祕與機制，將有利於企業集中資源，從個人所保有的知覺網／經驗網中找出有意義的地方。此框架也可以幫助公司避開那些可能會在其他方面導致消費者冷漠以對的關係陷阱，或者是有所因應。在這個意識和經驗逐漸擴充，消費者與品牌都在居中傳遞資訊、隱私、安全和身分的新世界裡，我們的途徑其實非常適用。若能了解如何善用科技，最終一定能打造出更強的品牌連結，也就是指持久又有益於雙方的連結。

現今對大腦的認識：情感如何造就選擇與決定

人類現今已經對大腦如何處理資訊及觸發行為有了更多的認識。儘管科技已如此進步，造就了品牌的轉型，不過對於今日的品牌思維有著最大影響的，或許當屬神經科學上的新發現。我們現在已經知道，人類高達 90% 的決定都是情感所推動[21]。請花一點時間再讀一遍以下文字：**人所做的決定，幾乎都是情感使然**，並非經過審慎思考的理智產物。人做決定的過程不是我們想的那樣刻意、直線式又可加以掌控，不管是個人的決定也好，或是專業上的決定，甚至是群體決定都一樣[22]。

然而，西方世界這 1,000 多年來，無論是哲學家、科學家，甚至是心理學家，都未曾認真關注過人類的情感。一般都以為情感是人性根基，是人類過去「動物性」的殘留，而理智則是智人（Homo sapiens）有別於其他動物的特徵。

到了 20 世紀，隨著心理學及精神病學對精神官能症和精神病著墨甚多，這種觀念才開始有了轉變。但是究竟什麼是情感，又情感對人類而言有何演化上或生存方面的價值，這樣的主題直到過去 20 年來才有人深入探討。

神經生理學家安東尼歐・達馬吉歐（Antonio Damasio）的新發現在學術界掀起重大變革，他在 1999 年的著作《感受發生的一切：意識產生中的身體與情緒》（*The Feeling of What Happen*）中指出：「我的實驗室研究顯示，情感是推理與決策過程中不可或缺的環節，無論是好是壞。乍聽之下或許有點違背直覺，不過這是有證據支持的。我們研究了幾位因為特定腦區神經受損，以致於喪失某些種類的情感，只能以純粹理性的方式料理生活的人，結果發現他們同時也失去了做出理性決定的能力……這些新發現指出，刻意減少情感就跟情感過多一樣，都會對理性有害。理性的運作無需情感的支持顯然並不正確。事實上，情感反而具有輔助推理的作用，尤其是牽涉到跟風險和衝突有關的個人與社會事務時。我認為一定程度的情感涉入，極有可能把人導向一個推理能力最能有效運作的決策空間象限。

但是我並不是指情感可以取代理智替人類做決定，情緒的波動會導致不理性的決定，這一點毋庸置疑。只是神經學方面的證據清楚指出，刻意去除情感會造成問題。有著明確目標、部署得當的情感，似乎可以成為一個支援系統，若是沒有這個系統，理性恐怕無法妥善運作。」[23]

若說達馬吉歐的研究就像催化劑一樣，那麼心理學家丹尼爾・康納曼榮獲諾貝爾獎殊榮的研究成果就有如一場革命，改變了人們對思考的觀點。康納曼花了數十年時間做了許多實驗之後，以一套新模型來闡述人類如何思考與做決定。他建立了「系統一」與「系統二」的概念，來取代傳統的左右腦思考模式。系統一處理基本的任務與運算，譬如走路、呼吸、判斷 1 加 1 等於多少。系統二則負責較為複雜抽象的決定與運算，比方說 435 乘以 23 等於多少。系統一的運作較受到本能、快速判斷和情感的驅使，系統二則用了較多理性。康納曼對兩者的差異解釋如下：「『X 活動自動發生』簡單講就是『系統一執行 X 活動』，而『愈來愈激動、瞳孔擴張、注意力集中，然後執行 Y 活動』簡單說則是『動用系統二執行 Y 活動』。」[24]

康納曼的研究最重要之處，也許就是他發現人的決定多半受到情感驅使，而人類理智的功能則用來在事後評斷那些決定。

「當中的意涵十分明確：誠如強納森・海德特（Jonathan Haidt）在〈情感的尾巴搖著理性的狗〉（The emotional tail wags the rational dog）一文中所言，我一直認為它（系統二）有點像默默服從的監視器，給予系統一很大的迴旋空間。另外我也覺得系統二對於刻意搜尋記憶、複雜運算、比較對照、規劃和選擇方面的活動十分活躍。自我批評是系統二的功能之一，然而在態度上，系統二又比較像是在為系統一的情感做辯護，而非作為批評的角色；換句話說，系統二是背書人，不是執法者。系統二在搜尋資訊和論點時，大多侷限在搜尋與既有信念一致的資訊，沒有刻意檢驗這些資訊的意圖。積極又尋求一致的系統一，則會向不苛求的系統二建議可行的解決方案。」[25]

人類是理性的行動者，以百分之百的理性思維來決定要購買或使用哪些產品和服務，這樣的觀念顯然漏洞百出。當今最棒的品牌都能用深刻又有意義，而且真實自然的方式觸及人們的情感，這一點大家有目共睹。所謂的特色或規格對系統二而言可能都是雜訊，這些既多餘又大多無用的元素會被它拿來為已經做出的感性決定找合理的藉口。

強納森・海德特在其著作《好人總是自以為是：政治與宗教如何將我們四分五裂》（*The Righteous Mind: Why Good People Are Divided by Politics and Religion*）中指出：「人的心智一分為二，分別就像騎象人和大象，而騎象人的工作就是服侍大象。騎象人好比人類的推理意識，是人類能充分意識到的言語和影像流動。大象

則代表其他 99% 的心理歷程，也就是發生在意識之外，但實際掌管著人類多數行為的意識流。」[26]

意思是，你必須先訴諸人們的情感並與之連結，才能影響及撼動他們的決定。或許這違背了普遍的認知，但是對著理性思維大做文章起不了什麼激發作用；事實上，這麼做反而**限縮**了創造連結的能力。重點是，科學與學術方面的資料也都證明了人類是用本能對感知到的各種事物產生反應，又快速地以這些反應為基礎做出回應。當一個人在看到某樣東西、聽聞某種聲音，或是遇見另一個人的那一瞬間，印象馬上產生，行動接著而來。**直覺總是領先一步**[27]。這表示，行銷與傳播工作用了數十年的傳統模式、概念和方法，都過於強調理性思考的重要性，所以才會跟不上潮流又問題重重。

康納曼等人所做的研究有一個十分特殊的觀點，受到行為科學和行為經濟學廣為採用。行為經濟學旨在改變經濟學家對於人類如何感知價值與表達喜好的既有觀點。這種以心理實驗來論述決策機制的思維方式，已經找到了不少人類在感知價值與表達喜好時會出現的偏差。簡單來講就是人不會做出深思熟慮的決定，也就是說，人未必會把利益放大最大，把成本降到最少，也未必只在乎自己。人會跟著感覺走，往**感覺**像是正確選項的方向而去。人會受到既有資訊的影響，所謂的既有資訊包括人的記憶與周遭環境中最顯著的資訊。人往往執著於當下，抗拒改變，不太能預測未來的行為，又受制於

扭曲的記憶，而且很容易受到心理及情緒狀態的影響 [28]。不充分的知識、回饋和處理能力以及認知偏見和情感，都會左右人的想法。也因此，人在做決定時的背景情境掌握著重大影響力。此外，行為科學家也發現人類不會「獨自」做決定，因為人是有社會偏好（social preferences）的群體生物，信任和互惠對人而言十分重要 [29]。

行為科學也指出，人會把「故事」當作一種方法來組織所吸收的資訊、記住資訊以及了解萬事萬物的道理。由於人腦處理能力和記憶容量有限，所以人會用故事和捷思法這類捷徑來理解周遭環境，從一大早使用資訊與周遭環境互動開始，到經歷一整天，最後進入夢鄉為止。這會成為行銷人員很重要的機會，利用故事來左右人們注意到品牌、與之連結並思考品牌的方式。把情感能扮演的重大角色跟強大的說故事能力融合在一起，就可以奠定新基礎，有效率地打造品牌。

1—3

途徑與模式

我們身為品牌建立者，在面對各種市場力量時，發現客戶往往被當前所使用的行銷手段和方法弄得茫然失措。這些途徑不使用情感作為元素，或是對人們實際上如何做決定有真正的了解。儘管如此，從深入探索的過程中，我們更能掌握到這些途徑在測量和促進消費者與品牌之間的連結上有哪些缺點。

階層決策模式

階層決策模式（hierarchical decision model，簡稱 HDM）是一種邏輯行為模式，通常透過指派一些理性的行銷方法，來追蹤據信是消費者在體驗品牌時自然會歷經的進程。一般而言，此歷程從知曉

● 階層決策模式

（awareness）開始，逐步推進到最高階段〔通常是忠誠（loyalty）
或擁護（advocacy）〕。

這種模式或可劃分為購買前和購買後，有時也被稱為「忠誠度階梯」（loyalty ladder），經常用來測量品牌的成熟度，協助判斷應該改良品牌的哪個環節。其運作理論是，假如透過這些行銷手法掌握了利益相關者的位置，就可以研擬策略和訊息，說服他們推進到更高階段。此模式認為忠誠度的下滑形式就只有一種（從知曉到觀望後便離開），主要在測量消費者位於決定的哪個階段。忠誠度階梯根據消費者的購買決定、購買後的行為以及想脫離的意圖，利用各種不同的要素來判斷品牌以需求角度而言往更高階段發展的時機與方式。另外，此模式誤以為購買意圖必然會促成行動，但顯然跟實際行為少有或並無關聯。

此途徑通常不會去判斷品牌為何會位於某個特定階段，或是去判斷「決策」階段是否真能指出人做決定時自然會用到的方法。事實上，從現今所知道的資訊來看，這種途徑並未能反映消費者的實際狀況。階層決策模式建立的是一層層加工過的細微差異，但人的決定其實是出於本能、快速又以情感為取向。HDM 的確提供了清晰的路線圖，有利於我們評估其他的模式與途徑。接下來我們要轉往決策後的領域，從滿意度和忠誠度這兩方面來深入探討。

滿意度與淨推薦分數

淨推薦分數（net promoter scores，以下簡稱 NPS）是相當熱門的技術，許多名列《財富》雜誌（*Fortune*）全球 1000 大的企業都用它來測量顧客忠誠度。NPS 分數是請消費者用 0 到 10 來針對「你向朋友或同事推薦我們公司／產品／服務的可能性有多大？」這個問題給分而計算出來的 [30]。由於這是一個相當簡易的做法，算出來的 NPS 分數一目了然，能讓研究人員和高管輕而易舉就理解品牌的相對表現。

NPS 分數為佛瑞德・瑞克赫德（Fred Reichheld）、貝恩管理顧問公司（Bain & Company）和 Satmetrix Systems 所開發的方法（已註冊商標），2003 年瑞克赫德在為《哈佛商業評論》（*Harvard Business Review*）雜誌所寫的文章〈你必須提高的數字〉（One

⬤ 滿意度

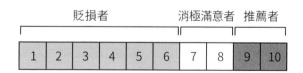

NPS ＝貶損者－推薦者

Number You Need to Grow）中介紹 NPS 分數 [31]。NPS 分數最低為負 100〔表示每一位受訪者都是貶損者（detractor）〕，最高到正 100〔即所有受訪者都是推薦者（promoter）〕。正 NPS 分數（也就是分數高於 0）表示受訪者感覺良好，而 NPS 為正 50 分則表示受訪者感覺極佳 [32]。

NPS 分數所向披靡，我們在全球各地的高管辦公室都看得到。不過，NPS 雖然深受商業領導人的歡迎，但學術界和市場研究圈卻頗有異議。這是因為 NPS 缺乏可預測性（NPS 測量的是現狀而不是未來情況），只涉及到推薦意圖這個單一焦點，然而現今消費者與品牌之間所形成的連結具有更為錯綜複雜的特性，該模式難以測量出來。

忠誠度

忠誠度長久以來一直被公司視為夢寐以求之顧客群終極目標，而多數公司也都想提升這些高價值用戶的比例。傳統上來說，品牌忠誠度是指顧客特別喜歡購買特定品牌的產品類別。之所以會出現這種偏好，是因為消費者感覺到品牌以合理的價格提供了恰當的產品特色、形象或品質，這種感覺又逐漸成為消費者發展出新購買習慣的基礎。

再次購買經常被視為忠誠度的標竿，但也有一些公司利用各式各樣

的態度指標（比方說顧客喜歡與公司合作並對該公司有正面態度）和行為指標（譬如顧客願意持續與公司做生意或向他人推薦該公司）來測量顧客群的忠誠度與穩定度，沃克（Walker）這家首屈一指的忠誠度研究顧問公司正是使用這種做法 [33]。

忠誠度基於以下幾個關鍵原因而備受重視：

- **提升銷售量**：平均一家美國公司每五年會流失一半顧客，相當於每年流失 13% 的顧客，凸顯出擴大顧客群並不是一件容易的事。想達成 1% 的年成長率，就得對既有顧客及新顧客提升 14% 的銷售量。也因此，抑制顧客流失率並設法提高保留率絕對有莫大助益，這一點是毋庸置疑的。

- **能拉高溢價**：研究指出，當品牌忠誠度提高時，消費者對價格變化較不敏感。消費者通常願意為了所愛的品牌掏出更多鈔票，因為他們覺得愛牌含有其他品牌所沒有的獨特價值。

- **留住而不是找尋顧客**：品牌忠誠者樂於為了找到自己的愛牌而尋尋覓覓，對於競爭品牌的促銷較無感，這會能降低廣告、行銷和銷售成本 [34]。

不過，艾倫伯格巴斯研究所（The Ehrenberg-Bass Institute）卻一直強烈質疑以忠誠度作為終極途徑的做法。該機構的研究顯示，品

牌忠誠度通常都只是某類別的少量使用者所造就出來，因此並非品牌勢在必得的東西。確實如此，百分之百忠誠的購買者未必對品牌的銷售具有關鍵作用，這些人只占極少數，不是能撐起某品牌或產品所需的重要購買者 [35]。大多數的消費者基本上都會跟數個品牌有持續性的關係，且往往對其中一個品牌的消費或購買勝過其他品牌 [36]。

拜倫・沙普（Byron Sharp）也在他的著作《品牌如何成長》（*How Brands Grow*）中呼應這樣的思維。他分析多種類別的品牌之後，發現從未有高於 50% 的顧客能創造出 20% 的業績 [37]，因而破解了 20% 的顧客創造 80% 的業績這個被一提再提的法則。沙普又指出，忠誠度指標並不能反映品牌的行銷策略或形象是否奏效。事實上，他認為顧客忠誠度多半是個迷思；充其量只能說顧客「盲目忠誠」，會隨著可用性而在幾個競爭品牌之間變來變去（舉例來說，72% 的可口可樂消費者也會購買百事可樂 [38]）。

忠誠度的概念顯然仍有爭議，不過無論是否相信它具有價值（或充分價值），忠誠度都可以算是品牌親密度的某種結果。對於某個品牌有親密私人連結的消費者，渴望該品牌的機率會比競爭品牌更高。這樣的消費者也更有可能成為該品牌最熱烈的支持者。

基本上，忠誠度與品牌親密度的不同之處在於忠誠度著眼的是行為和（或）態度，而不是這兩個層面底下的基礎。回應性服務（responsive service）或客製化產品也有可能會衍生忠誠度，因此忠誠度未必是

品牌激發而來。從另一方面來看，品牌親密度注重的則是人與品牌之間的關係及其心理驅力（psychological drivers）。

沃克的忠誠度象限圖

沃克模式（Walker model）檢測態度與行為，針對人們是如何對不同品牌（尤其是 B2B，即企業對企業）產生忠誠感以及忠誠的定義擬出一套理論。研究顧問公司沃克發現，傳統的顧客親密（customer affinity）指標，也就是指滿意度、再購意圖（repurchase intent）和口碑推薦，若分開來看都是不足以全盤掌握顧客行為複雜性及其基本驅力的指標。因此它根據態度與行為開發出「忠誠象限圖」，作為區隔忠誠度高低的方法。

這幾個象限分述如下：

1. **真正忠誠**：指喜歡跟公司合作的顧客，他們對公司有正面聯想，也打算如此持續下去。這些顧客也更有可能增加對公司的花費，並向他人推薦該公司。

2. **可觸及**：一群包羅萬象的顧客，不打算繼續跟有疑慮的公司合作，但仍然會為公司美言。這群顧客往往只占公司顧客的一小部分，屬於那種不再需要公司產品服務的顧客。

3. **難以脫身**：指持續跟公司做生意，但對此不甚滿意的顧客。

這些顧客往往受制於合約、沒有其他公司可選或礙於無法更換公司而難以脫身。他們不大可能跟該公司做更多生意，反而更有可能尋找其他選項。

4. **高風險**：指不願意回頭或繼續與公司做生意，也不怎麼重視該公司的顧客。這些顧客對公司沒有好口碑，很有可能不再與該公司做生意。

忠誠象限圖以態度為縱軸，行為為橫軸，分出代表以上四種顧客的象限位置。此象限圖可作為評量忠誠度的框架，以實用的做法來深

● 沃克的忠誠象限圖

態度 縱軸：
- 可觸及
- 真正忠誠
- 高風險
- 難以脫身

行為（橫軸）

入掌握商業策略。

這個好用的工具有助於洞察顧客的穩定性並探查顧客忠誠度。不過，此工具在界定四種區隔時雖然確實會測量某些情感要素，但並非以情感為**基礎**。再者，將忠誠度作為價值指標，一向是備受質疑的做法（是否為測量顧客保留率的最佳方法，各界有不同看法）。

接下來介紹的一系列模式，著重在探索品牌的內在價值，將品牌視為資產而不是以關係看待。

YOUNG & RUBICAM 的品牌資產評價模式

品牌資產評價模式（Brand Asset Valuator，簡稱 BAV 模式）是由國際廣告公司 Young & Rubicam 開發，利用以下四大考量點來測量品牌價值：

- **差異性**：使品牌與眾不同的能力。

- **相關性**：目標受眾對品牌實際感受到的重要性。

- **好感度**：消費者感受到的品牌素質及對品牌聲望增減的感覺。

- **知名度**：消費者對品牌知曉及對品牌識別的熟悉程度。

從上述模式可以看到，品牌的成長通常按照差異性、相關性、好感

度以及最後的知名度這樣的順序來發展的。差異性和相關性共同決定了品牌強度（brand strength），是品牌未來表現的指標。好感度和知名度則共同造就了品牌高度（brand stature），是品牌當前表現的指標，也會指出品牌在消費者心目中的地位。

Young & Rubicam 用一種叫做「能量方格圖」（Power Grid）的圖格，以品牌強度作為縱軸、品牌高度為橫軸，來繪製品牌的績效對照。當品牌成長時，會先從品牌強度提升開始，接著品牌高度會隨之增加 [39]。

這個模式可以提供有力的洞察，深入掌握品牌的長處與弱點。不過有鑑於皆為觀察所得，且範圍片面，意味著該模式著眼的是消費者的行為與思維，而不是考慮品牌的互動如何有助於測量這些價值。四項指標都是理性取向，並未將情感視為行為背後的驅力。

INTERBRAND 品牌評價模式

我們在檢測各種有助於探觸品牌親密度思維的做法時，也分析了 Interbrand 品牌評價模式，從該模式可以看到如何部署品牌以建立品牌權益（brand equity）。隨著 1980 年代評價模式的出現，Interbrand 率先開發一條途徑，來檢驗品牌如何有益於商業績效，並提供一套活動與建議，以確保精益求精。

Interbrand 的模式以下列三大槓桿為考量點：

1. **品牌的財務表現**：即產品和服務所產生的經濟利潤。

2. **品牌的角色**：測量品牌相較於其他影響力（例如價格、設計、特色）對於促成購買決定所占的分量有多少，然後再用百分比來呈現，即所謂的「品牌角色指數」（role of brand index，簡稱 RBI）。

3. **品牌強度**：這是一個測量品牌相對於競爭對手表現的診斷工具，除了可以測量品牌打造忠誠度的能力之外，還可以識別品牌的長處與弱點[40]。

這三大槓桿的分析結果經過統整後所產生的單一指標，可以指出品牌對組織的商業績效有何貢獻，此即為「品牌價值」。自此以後，該指標就被當作一種策略工具，用來評估、傳達和主導企業的各個面向。無論是一次性的商業個案，還是持續性的品牌管理應用，都能用得上這種指標。

不過我們發現，儘管這種模式可以提供豐富的資料和實用建議協助品牌提升商業績效，但這三大槓桿皆以理性為取向，並未考量到情感的角色，而且十分強調比對表徵，不重視診斷問題。

以上是一些偏經濟考量的品牌資產模式，為了與之做比較，我們也

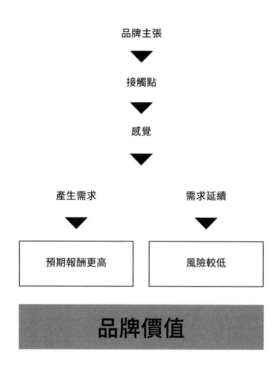

要對許多符合潮流又相當有意思的做法表示肯定，因為這些做法在測量現今品牌的情感面向上有不錯的效果。

顧客親密度

顧客親密度是個廣泛的用詞，並非指特定過程。顧客親密度以個人為中心，尤其是指讓組織更貼近顧客的指導方針或商業途徑，從一心一意掌握顧客的慾望和需求著手，藉此落實更具個人化的產品、服務或溝通。「對顧客親密度很有一套的公司，會將鉅細靡遺的顧客知識搭配彈性化經營，因此可以迅速回應從客製化產品乃至於滿足特殊要求的各種需求。」[41] 相互了解、價值感知和親密感，這些都是顧客親密度的特徵。以往是由價格來決定價值，但隨著很多人的觀念都已經擴展，現在包括購買便利性、售後服務、可靠性等在內，都可以成為界定價值的元素之一[42]。

顧客親密度也需要迎合品牌用戶不斷變化的期望。矢志追求顧客親密的企業，會經常修改及調整產品和服務，以便符合顧客的需求。這種做法或許很花錢，但講究顧客親密度的公司相信值得砸下重本，因為它們尋求的是建立長期的顧客忠誠。這些企業注重的通常是顧客對公司的終身價值，而不是任何單一交易所產生的價值。

研究顯示，顧客親密度確實會對關係承諾（relationship commitment）、行為忠誠／再購意圖、顧客可用性（customer availability）、顧問地位以及顧客的口耳相傳產生正面影響。然而，即便顧客親密度愈來愈受歡迎，但這個用詞卻未被廣泛採用[43]。

假如有一本熱門的商業書籍點出顧客親密度的重要性，往往是指顧客親密度是可供公司選擇的三大商業模式之一，這三大模式分別為：（1）顧客親密度——滿足顧客的特定需求；（2）營運績效——落實品質、價格和購買及使用上的便利性；（3）產品領導——打造最棒的產品和服務[44]。如今，又有一些文章提出建議，指公司不必從中擇一，不妨將三大途徑搭配運用。

耐人尋味的是，其中有一個建議指出，企業的管理階層也應該要重視「非理性關係面經常遭到漠視的價值……顧客親密度的價值感知不全然都是理性的。純粹就是喜歡跟供應者之間的關係——這樣的情感動機（emotional motives）也扮演著關鍵角色。」[45] 不過有一點值得注意：顧客親密度有別於品牌親密度的地方在於，顧客親密度並不**直接**處理人們跟品牌之間所形成的連結，這個部分專屬於品牌親密度的範疇。

品牌投入

品牌投入（brand engagement）是廣泛的用詞和途徑，很多人會用來意指各種不同的事情。一般而言，品牌投入指的是促進顧客與品牌之間的互動，不只是刺激銷售而已。IBM 的策略計畫總監傑伊·韓德森（Jay Henderson）就寫道：「我認為投入意味著品牌與消費

者之間的雙向溝通，現今的品牌可以用更有效的方式聆聽顧客的心聲，也因而能夠傳遞更豐富又投顧客所好的行銷訊息。此外，行銷人員透過鼓勵顧客分享他們的購買、經驗等諸如此類的事情，便有很大的機會能夠擴展行銷活動的觸及層面，也就是說，使好顧客不只會交易，還要讓他們樂意製造好口碑。」[46]

品牌投入會透過品牌與消費者之間各種形式的溝通、在不同的接觸點發生。所謂的接觸點包括了廣告、社群媒體、零售環境和產品服務本身，使品牌與消費者可以互動及分享，並建立關係。品牌在此的目的是激發消費者對品牌產生忠誠與感情，最終提升消費者的顧客價值。

2013 年建築事務所 Gensler 做了一項很有意思的品牌投入研究，試圖找出交易和關係這兩者有何不同。它打算探索消費者與品牌之間的情感連結，並提出一套假設，認為真正的投入是以情感為基礎，而不是建立在交易之上。Gensler 調查了 2,838 位美國消費者，結果發現「高情感」顧客更為滿意、較常購買最愛的品牌，推薦該品牌的機率也更高。另外，「高情感」消費者指出最愛的品牌屬於日常例行公事之一的機率則是「低情感」消費者的將近兩倍。它也發現，人們會跟分享價值與落實特質的品牌連結[47]。

投入意味的是雙向關係，這一點十分重要，因為行銷領域的途徑多半都是單向式。然而，成功與否往往取決於分享次數或某品牌所取

得的觸及範圍及影響力。品牌投入沒辦法告訴你如何打造一個讓人們會想連結的品牌，頂多只能指出讓人們投入是打造品牌很重要的一環。舉個例子來說，以理性為考量出發點的品牌就算努力與目標受眾互動，但因為沒有採用一些有助於確保它們能夠建立連結的方針，最終還是落入失敗的命運。由於投入需要的是顧客對品牌採取行動、分享品牌，因此可視為促進品牌親密度的因素。

但品牌投入不能算親密，也無法確保親密。品牌親密度需要時間的醞釀，讓關係隨著切身經驗和知識的積累而發展，這並不是靠一個投入的計畫就能辦到的事情。

愛的標誌

「愛的標誌」乍看之下跟品牌親密度很像，它的網站就有這樣的陳述：「愛的標誌感動你的心和腦，創造你絕不能缺少的感性親密連結。」[48] 愛的標誌由上奇廣告（Saatchi & Saatchi）前執行長凱文・羅伯茲（Kevin Roberts）設計，被視為品牌的終極目標。品牌若想符合愛的標誌的資格，就必須有訪客在網站上分享跟該品牌有關的故事才能獲得提名。愛的標誌網站上有個叫做 Lovemark Profiler 的頁面，上頭列出了 30 項題目，它的簡介是這樣說的：「假如每一個問題你都能回答『是』，那麼向您說聲恭喜，您的品牌就是愛的標

誌！」[49] 這 30 個題目主要是想探究一般人對該品牌的觀感，比方說像「你是否有自信 ＿＿＿＿ 品牌絕對不會讓人產生不良的聯想？」、「＿＿＿＿ 是否跟你想像中的樣子百分之百契合？」這類的題目[50]。另外，網站訪客還可以票選是否熱愛特定的品牌，以及是否該從前 200 名愛的標誌清單中增加或移除哪些品牌。（比方說，有 3,665 位訪客投票表示他們喜愛蘋果，另有 375 位訪客投票表示他們不再喜歡這個品牌。[51]）由於愛的標誌是以消費者意見為基礎，並不注重更深層的動機，所以上榜的往往都是極受歡迎、擁有死忠粉絲而不只是一般顧客的品牌，也因此愛的標誌才會備受推崇又地位非凡，成為品牌競相追逐的目標。

不過，有鑑於跟品牌有親密關係的消費者也很有可能是死忠粉絲，愛的標誌自此與品牌親密度走上不一樣的方向。品牌親密度的真正核心就建構在基本的心理特點上，而這種心理可以勾勒出消費者和品牌之間是如何又為什麼會形成、維持和失去親近又私密的關係，然而愛的標誌並不涉及於此。此外，愛的標誌所謂愛上品牌後只買該品牌的概念，並不能反映出消費者真正的行為，那頂多是個很流行的誇張說法，誠如本章的「忠誠度」一節所闡述。再者，愛的標誌並未真正探討對品牌「失戀」的成因與影響，然而眾所周知，失戀卻是私人感情世界經常會發生的事情。

愛的標誌是特殊的行銷哲學，它為那些最能體現此哲學的品牌戴上

桂冠。這些品牌的確獲得了「喜愛分數」，但這些得分其實是以消費者在愛的標誌網站上的點擊次數為準，所以愛的標誌比較偏向參與式的展示活動，而不是用統計數據來呈現消費者的感覺。這也意味著，能左右結果的就只有那些最積極熱情的粉絲，但品牌親密度的做法則是必須將品牌與消費者之間各種不同程度的親密納入並做出解釋。

事實上，凱文・羅伯茲在他的著作《愛的標誌：超越品牌的未來》（*Lovemarks: The Future beyond Brands*）中，用「神祕、感官享受和親密」來解答「是什麼讓真正偉大的愛如此突出？」這個問題，暗指親密或許只是愛的標誌的其中一塊拼圖。綜觀而言，愛的標誌主要是一個由軼事型證據所支撐的理論，它的作用在於啟發，並不是為行銷策略提供佐證，也沒有將世上最受喜愛的品牌成功的原因化為具體的概念。

情感品牌

情感品牌是以情感為訴求的行銷策略途徑，必須從了解消費者、吸引他們的感官以及打造更具創意的品牌著手才有辦法實現。品牌行銷公司 Desgippes Gobé （現為 Brandimage） 共同創辦人及前執行長馬克・葛伯（Marc Gobé）的著作《感動：創造『情感品

牌』的關鍵法則》（*Emotional Branding: The New Paradigm for Connecting Brands to People*），就用了很多品牌趣事和案例研究來闡述情感品牌策略的各種元素。這本著作比較了諸多行銷材料，在觀念上大刀闊斧做了改變，大大讚揚以情感來連結品牌的好處。

葛伯的《感動：創造『情感品牌』的關鍵法則》從分析近代成功的品牌著手，蒐羅它們實用至極的品牌策略心得，這些都跟情感品牌的整體觀念有密切關係。書的一開始先介紹情感品牌的概念，其解釋如下：「講到情感面，我指的意思是品牌如何讓消費者的感官和情感都能投入；如何讓人們覺得品牌有血有肉並打造出更深層又持久的連結。」[52] 接著他又繼續探討情感品牌跟消費族群以及趨勢、知覺經驗與品牌創新之間的關係。

《感動：創造『情感品牌』的關鍵法則》指出，情感連結可以建立更強大、更有效的品牌，這一點跟品牌親密度很像。顯然情感品牌跟品牌親密度這兩種途徑在觀念上是相容的，儘管所運用的技巧及肩負的角色各有不同。情感品牌著眼於品牌塑造的歷程，使觀點更為充實豐富，而品牌親密度注重的則是消費者的心理，試圖從他們與品牌之間的關係歸納出有意義的結論（且有專用資料和研究作為後盾）。

對於品牌與消費者之間不同程度的連結，以及隨著時間過去這些連結會產生什麼樣的改變和弱化現象，《感動：創造『情感品牌』的

關鍵法則》甚少著墨，反倒是把焦點放在如何創造及強化與消費者之間的關係，並沒有探究或解釋這些關係的發展階段或者是消費者逐漸與品牌建立連結的過程。另外，現今對大腦的運作與人類做決定的方式已經有了最新的認識，但該書也未加善用或闡述。此外，書中雖然經常將消費者的態度視為偏好，卻很少就消費者對品牌的感受解釋其背後的心理狀態。

1—4

了解親密

我們認為人們會用跟他人建立關係的方式來與品牌形成關係，為了測試這樣的假說，就必須深入研究人類的親密感，而這一切又得先對親密的意義以及這個主題思維的發展和演進歷程有透徹的了解才行。

親密的定義

「親密」有各式各樣的含義，大家最熟悉的大概就是身體上的親密接觸了，但基本上，不管在哪一種狀況下，親密指的是一種讓人有親近感的關係。親密的定義也有很多種，而講到親密，往往會出現

這樣的描述:「知道我在這世上並不孤單……互相親近、連結、來往。親密就是沉浸在溫暖與關懷當中,親密就是在感受另一個人。」[53] 行銷學學者芭芭拉·史登(Barbara Stern)引用以下對親密的定義:「感知某種東西的核心,體會內心深處的特質,這些都能反映出人最深層的天性,透過肢體、精神和社會層面的密切交往而彰顯。」[54] 心理學家丹·麥亞當斯(Dan McAdams)認為親密是「指分享人心底最深處的存在,也就是所謂的本質。」[55] 他指出,最令人難以抗拒的慾望莫過於對親密的渴望,另外他也主張,這種「追求親密的普遍動機」是人類經驗的「根本」,儘管積極的程度因人而異。

的確,親密關係在人類的整體經驗中扮演舉足輕重的角色[56]。亞里斯多德(Aristotle)是率先探討人類如何形成關係的思想家之一,他認為功利性、滿足感和美德是各種關係的基本因子。唯有從美德建立而起,且喜歡另一半做自己,這樣的關係才有機會長長久久。一直以來這都是親密關係的主流思維,直到20世紀威廉·詹姆士(William James)寫了《心理學原理》(*The Principles of Psychology*)這本書,才有了轉變[57]。他在書中闡述人的自我有諸多形象,包括物質自我、社會自我、精神自我和純粹自我[58]。他認為一個人的自我概念必須從他/她與他人關係的脈絡下來審視。佛洛伊德(Freud)銘記在心,後來並以此來檢驗關係,進而提出人的第一次親密行為,就是母親在哺乳的時候[59]。這樣的思維在社會心理學當中又有更進一步的發展,誠如麥倫·卡迪羅(Maren Cardillo)所指出的:隨著孩子逐

漸成熟，他對自主與個性的需求會影響到他與同儕的親密互動。這種互動往往有自主性、多愁善感、同理關懷以及能夠用言語來表達情感等特色，研究則發現，這些都會對後來親密友誼的形成有所影響[60]。

人到了青春期，很多事都會改變，無論是社交發展或是家人朋友的角色與重心。在這段期間，孩子跟父母相處的時間會縮減一半[61]。青少年會找到跟他們一樣也在生理和情緒上歷經變化的人，並且優先重視那些隨著新的需求與重心而增加的互動。因此，在人生這個階段，朋友之間的親密互動會增加，因為這些互動讓青少年有機會更加了解自己。也有人認為，人生早期的親密關係會造就一個人最終的性格表現[62]。

當人逐漸成熟，親密的呈現會出現一些不同的變化。心理學家暨心理計量學家羅伯特・史坦伯格（Robert Sternberg）開發了一套「愛情三因論」，把親密列為愛的三大元素之一。在他的理論當中，親密包含依附（attachment）、親近（closeness）、連結（connectedness）和聯繫（bondedness）的感覺，這些構成了愛情三因中的情感面（另外兩個領域是激情與承諾，分別形成了愛情的動機與認知元素）[63]。

心理學過去的主流思維多半著重在親密的浪漫面（精神層次的關係、父母關係或朋友關係除外），但帕曼（Perlman）和菲爾（Fehr）卻

發現當涉及到品牌時，在各種以親密為主的相關論述當中，都會探討到以下三種課題：

1. 相互之間的親近與依賴
2. 自我揭露（self-disclosure）的程度
3. 所體驗到的濃情蜜意 [64]

艾瑞克森的親密途徑

心理學家愛利克‧艾瑞克森（Erik Erikson）根據他對社會發展心理階段的研究，提出了一個普遍被認定是最權威的親密定義。他指出正常人從嬰兒期到成人晚期，這一生總共會經歷八個發展階段。人在每一個階段都會碰到新挑戰，也但願自己能克服挑戰。另外，各階段的發展有賴上個階段圓滿完成為基礎；同樣地，各個階段的挑戰若是未能順利克服，則將來有可能再次出現而成為問題 [65]。

艾瑞克森發現，親密階段通常發生在成年早期，人會在這個階段開始跟非家人成員的他人試圖發展可能會促成長遠承諾的關係，並分享他們真正的想法和感覺。艾瑞克森認為，一旦人建立了認同感，就表示準備好對他人做出長遠承諾 [66]。他們逐漸有能力建立親密的互惠關係（比方說親近的友誼或者是婚姻），樂意為這種關係做出必要的犧牲和妥協。對親密避之唯恐不及，即害怕承諾與關係的人，有可能會產生疏離、孤單的感覺，有時甚至感到沮喪。他主張：「親

密其實就是自我認同跟他人的認同融合在一起，但又不會害怕因此失去自我。」[67] 這樣的定義意義重大，因為它點出了一般認定親密不可或缺的兩個要素，打造品牌關係時亦可用來參考：

1. **融合認同的概念**：這個概念將關係描寫成一種親近的私人連結和彼此歸屬的感覺。

2. **不害怕的想法**：人會隨著經驗和時間在關係中發展出安全感，這種感覺可以讓人卸下「心防」做自己。

親密模式

親密關係的表現有很多種，但其中一定會有自我與他人的認同相互融合的感覺，以及能安心做自己的安全感這兩樣元素，無論人是否刻意考慮到這些。

自艾瑞克森提出此開創性的研究之後，數十年來又陸陸續續出現了其他闡述關係形成過程的思維、概念和模式，甚至還建立了以下幾種模式來測量或檢視親密關係在廣告與行銷領域的作用，十分有意思。

萊文傑的五階段模式：心理學家喬治・萊文傑（George Levinger）提出成人的愛情關係發展有五個階段，不但沿用至今，經過調整後

也用來研究其他類型的關係，包括個人與商業方面的關係在內。這五階段依序為認識（acquaintance）、建立關係（build-up）、親密（continuation）、惡化（deterioration）和結束（ending）。[68]

萊文傑設計這套模式來解釋異性戀配偶之間如何結合與分開以及原因何在，同時也認為這是一種必然會發生的過程。然而，此模式也用來研究各式各樣的關係，尤其經常作為防止或避免「惡化」和「結束」這兩種階段的指導方針[69]。

● 萊文傑的五階段模式

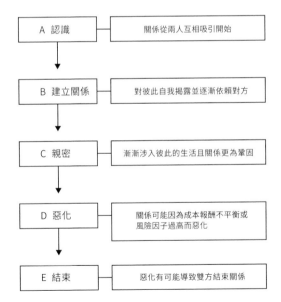

| A 認識 | 關係從兩人互相吸引開始 |

| B 建立關係 | 對彼此自我揭露並逐漸依賴對方 |

| C 親密 | 漸漸涉入彼此的生活且關係更為鞏固 |

| D 惡化 | 關係可能因為成本報酬不平衡或風險因子過高而惡化 |

| E 結束 | 惡化有可能導致雙方結束關係 |

史登的四階段模式：史登的四關係階段模式是由行銷教授兼研究人員芭芭拉・史登所開發，以萊文傑及史諾克（Snoek）的五關係發展階段為基礎，並針對史登的廣告親密理論加以調整。史登把原本五階段（認識、建立關係、親密、惡化和結束）中的「結束」階段拿掉，因為她認為已經離去的顧客，很難再重新贏得他們的心，成本也太高。此模式設計了一套關係行銷的概念，也就是重視顧客忠誠度及長期投入的行銷手法[70]。

史登主張，關係行銷的目的在於拋開沒有特定目標的大眾傳播，改用勾勒個人色彩的方式來行銷。她採用萊文傑及史諾克的關係發展模式，把品牌與消費者之間的關係當作是更為私人又親密的過程來研究，設法找出廣告主有何潛在的機會可以進行改良。史登舉了幾個例子來說明這種關係模式該怎麼運用行銷戰術，比方說把個人關聯性弄得含糊一些，以便激起好奇心，誘使消費者去「認識」品牌，又或者透過獎勵計畫與忠誠獎勵，讓顧客跟品牌繼續「親密」下去[71]。

萊斯及雪佛的親密人際歷程模式：萊斯（H.T. Reis）和雪佛（P. Shaver）的親密人際歷程（interpersonal process model of intimacy）闡述了兩人之間如何建立親密感，且親密是由「自我揭露」和「對方回應」這兩樣要素構成。此模式指出，當一個人向另一個人傳達跟自己切身有關又表露真心的資訊時，親密便由此而生。這種資訊可以是事實訊息、個人的想法或感覺，同時也包含了其他傳達情感的方式，

譬如凝視或碰觸這一類的舉動。隨著親密歷程的推進，傾聽的那一方接著必須透露類似的私人訊息，並表達他的情感，給予非言語方面的信號，來回應說話者。隨著這種互動持續進行，兩人之間會逐漸建立親密感[72]。

萊斯及雪佛發現，自我揭露和對方回應皆有助於親密經驗。他們做了兩項研究來測試，結果也大力支持親密即自我揭露搭配對方的揭露而形成彼此互動的過程，而在這個過程當中，對方的回應則具有「部分中介變項」（partial mediator）的作用。（耐人尋味的是，第二項研究也顯示，比起表達事實訊息和資訊，自我揭露情感是**更**能夠預測親密的要素[73]。）

此模式雖然闡述的是人與人之間的親密關係發展過程，但也經常被改造，用來研究行銷人員與消費者之間的關係。由於該模式將所感覺到的對方回應視為建立親密關係的要素，這意味著行銷人員只要展現出他們能回應消費者的想法和需求，便可以建立更強大的消費者關係[74]。

安德蕾亞・史考特的改編版：安德蕾亞・史考特（Andrea Diahann Gaye Scott）在研究服務行銷領域的親密關係時，將史登的四關係階段模式以及萊斯和雪佛的親密歷程模式加以調整，使之更貼近她對消費者與行銷人員關係所做的研究。史考特把史登對萊文傑及史諾克的模式所改造的版本升級，加入了相關的行銷概念，使每一個階

◐ 安德蕾亞・史考特的廣告訴求概念表

理性、溫情與親密三大訴求的比較說明

	理性	溫情	親密
1. 廣告焦點	產品／服務提供物	跟產品／服務有關聯的情感	跟產品／服務有關聯的關係
2. 創意策略	著重事實訊息	著重感覺	在事實訊息與感覺之間取得平衡
3. 創意執行	宣傳產品的特色	重度依賴周邊線索（譬如軟性音樂、賞心悅目的影像）	揭露個人的（及感性）資訊
4. 創意要素	價格／具備公信力的公司信譽	服務所提供的美好回憶、公司涉入	慎重揭露未知的資訊、公司的關懷與承諾
5. 首要處理模式	認知	情感	認知與情感兼具
6. 設想的消費者結果	建立知名度	心動並有「暖呼呼的感受」	連結
7. 個人差異的影響	低至零	中	高
8. 行銷案例	美國運通（American Express）：出門別忘了它（Don't leave home without it）	Hallmark：如果你真的在乎，就寄最好的賀卡（When you care enough to send the very best）	州立農業保險公司（State Farm Insurance）：我們就在你家附近（We live where you live）

段更為具體：原本的認識改成「涉入」、建立關係則改為「風險」、親密變成「滿足」、惡化改為「忠誠」與「抱怨」，結束則變成「負面口碑」[75]。

史考特除了將這些模式加以改造和擴充，也另外指出三種廣告訴求（理性、溫情和親密）並點出其中的不同，設法找出這三種訴求對

消費者與廣告主之間的關係有何影響。她針對各個訴求清楚指明了廣告焦點、創意策略、創意執行、創意要素、首要處理模式、設想的消費者結果以及個人差異的影響[76]。

親密的形式

介紹完以上較為理論性的概念之後，我們接著要探討作家貝芙麗・高登（Beverly Golden）的概念，這位文化先驅進一步勾勒出親密的各種「面貌」。最顯著的形式莫過於身體或性方面的意涵，不過即便是這種形式也有各種不同的差異。人在脆弱的時候往往特別渴望安全感，很多感官活動和情慾表達也都算在這種親密形式當中。

相對來講，情感親密則是在兩個人自在地分享彼此的感覺而產生的。若是對分享感覺感到恐懼，包括害怕被拒絕（失去對方）或者是害怕被吞噬（受到侵犯、控制以及失去自己），有可能會抑制或阻礙親密的發展。

理智或認知上的親密講究溝通，也就是指以開放又自在的方式分享想法的能力，此舉有助於造就十分親密的關係。

最後則是經驗上的親密，或稱為活動親密，基本上就是指兩人之間不必言傳，彼此間不需要靠言語來分享想法和感覺，而是把自己投

名稱	說明	結果
身體	感官或情慾的連結	感覺身體合而為一
情感	互相分享內心深處的感覺	感覺被了解和接納為獨立的個體
認知	交換想法並探索彼此相似與差異之處	感覺到理智相通
經驗	涉入某種會產生共有行為的活動	感覺到成為特殊群體的一分子：親密無間、革命情感、彼此同步

入某個活動，從參與過程中體驗親密感[77]。

結論

透過分析建立親密關係的各種定義與途徑，可發現情感的力量以及親密關係中所體驗到的親近感有多麼重要。

然而，闡述人與人之間親密關係的途徑雖然很多，卻鮮少在探討人是否有可能與品牌產生親密關係。

1—5

新發現

我們為了揭開建立新行銷典範的奧祕而廣伸觸角，走上了一趟充滿洞見的旅程。首先，我們想針對過往的行銷活動是如何轉化成今日的銷售進行大規模的調查，藉此了解企業都採取了哪些作為來因應當前的現實狀況，以達到成長的目標。另外，我們也想分析相關的行銷模式和做法，從這些一時之選中取得更豐富的觀點。我們廣泛研讀各種跟品牌與科技變化如何影響現代消費者有關的書籍、文章和研究，並評估了心理學家、科學家和經濟學家所提出的各種理論、模式與學說原理，而這些專家全都針對決策科學方面的主題發表過論述。接著我們再延伸探討親密的心理層面，設法深入了解歷來的學術途徑。

這一路走來，我們找到了更理想的途徑來測量、建立和管理品牌，也為此感到振奮不已。雖然我們尚未能完整呈現整個思維，不過我們十分篤定自己走對了方向，而且據我們了解，過去也不曾有人把這些線索串連起來，淬鍊出一條能善用我們所知資訊的途徑。

首先，我們打算測試人們有能力跟品牌建立親密關係的理論，並取得第一手的資訊。這必須直接從消費者身上下手，找出他們是否可以對品牌產生依附，並就其過程、原因與時機進行分析。

研究公司 BrainJuicer（現在稱為 System1）與我們志同道合，於是我們攜手合作，在美國、德國和日本培植了線上消費者群組，進行八週密集的調查研究。受試者首先要回答跟人生各種關係有關的問題，包括如何跟他人建立親密關係、對親密有何感覺、是否會跟品牌建立關係又如何建立關係，乃至於最親密的品牌為何等等。我們想更加深入地了解人們平常如何與品牌互動、為什麼會對特定品牌（而不是其他品牌）感到親近、對這些品牌有何評價，以及對他們而言這些品牌的特色或屬性為何。另外，我們也想知道這些關係可以維持多久：人們會跟品牌「分手」嗎？還是一旦關係確立，就永遠都不會結束？

我們向 350 位以上的消費者蒐集到 2 萬個特別的故事，又花了 1,000 個小時深入分析，最後整理出 2,000 頁資料。除了這些網路見解群組之外，我們也設計了專門的演算法，以網路見解群組所指出的 110

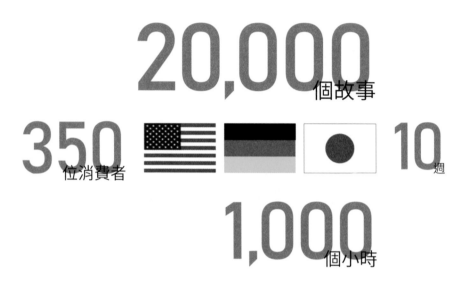

質化研究

20,000 個故事

350 位消費者

10 週

1,000 個小時

個關鍵字，來搜尋個人、社群及周遭環境這三種背景，意即觀察部落格、社交網路和各個社會，完成了一份線上內容的分析。

光是爬梳這些資料就花了好幾個月的時間，包括讀完所有故事、彙整重要資訊、找出典型之處，並詳述某些觀念架構。最後我們從這項研究歸納出九大發現，不但可以具體呈現我們的認知，這九大發現也成為品牌親密度的思想精髓。

九大發現

品牌親密度
與人際親密很像

———

此洞見十分重要，驗證了我們對人與品牌的看法。品牌和人際關係真的那麼相似嗎？我們原本假設人的確會對特定品牌產生強烈依附作用，但不能確定是否跟人際關係的那種依戀相同，也無法斷定若此假設為真，其過程究竟會有多相似。然而事實證明，親密品牌關係真的跟人際關係相差無幾。

人們在發展重大關係時，無論是跟他人還是品牌，都循著一套標準模式，因此人會對品牌產生真正的深度依戀，就跟對他人的模式相同。也就是說，走過的階段差不多，整個過程也很像，就連結果也八九不離十。

我認為親密是一種更緊密的品牌關係。

——德國消費者

我對某家公司或某個品牌和產品產生一種跟愛情很像的感覺。我本人跟那個品牌愈來愈密不可分，這不是冷冰冰的商業關係足以形容的。

——日本消費者

奧迪就像我的家人一樣。

——德國消費者

品牌親密度的形式與
人際親密如出一轍

———

不只是品牌的親密感跟人際親密很像，就連親密的形式與種類也都如出一轍。

既是作家又是文化先驅的貝芙麗・高登歸納出四種親密的面貌或形式，直指消費者在描述他們體驗到的品牌親密度時所用的方式。由於品牌是一種無生命的結構（普遍來講），自然跟生理親密的情慾面無關，這一點毋庸置疑。然而透過感官刺激，品牌就有了千變萬化的方法來培養親近感。就拿星巴克（Starbucks）來說，店內的陳設（視覺）、店內播放的音樂（聽覺）、咖啡的香氣（嗅覺）、咖啡杯握在手裡的那種溫熱感（觸覺）和咖啡獨特的風味（味覺），這些都是它用來吸引消費者感官的方法。

親密的四種形式

認知親密
交換想法、探討彼此
的同異之處

情感親密
互相分享內心
深處的感覺

生理親密
感官或情慾層面
的連結

經驗親密
投入某種會產生
共有經驗的活動

品牌親密度的呈現

激起大家對獨特動人
的概念、特定目的或
精神產生熱烈的響應
和投入

藉由個人化的吸引方
式誘出被了解與被接
納為獨特個體的感受

情慾與感官的刺激製
造愉悅與滿足感

吸引人們投入社交活
動、使他們融入某個
獨特群體以激發親密
無間、共患難又彼此
歸屬的感覺

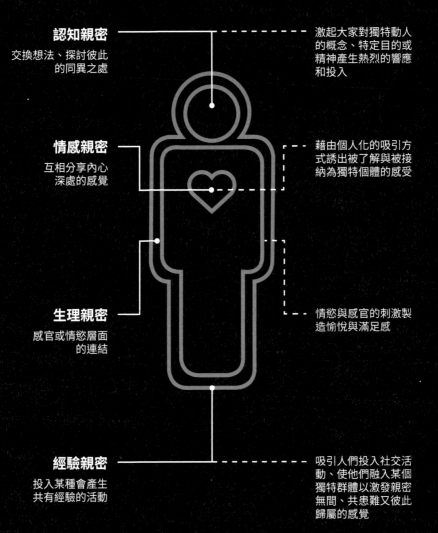

生理親密

指消費者與品牌之間的感官取向關係，從感官的投入發展而來。人們攝取的品牌（譬如各種食品和飲料），身上用的戴的或是跟身體息息相關的品牌，基本上都算生理方面的親密。

"

我差不多在兩年前接觸到 WEN 洗護髮產品，後來就
再也不用其他家的產品洗頭髮了。它們的產品沒有那
種會洗掉頭髮原有油脂又刺鼻的化學藥劑，而是用了
各種藥草和天然成分。WEN 除了有添加天然成分這項
優點之外，它令人心曠神怡的香味會把每天早上的淋
浴時間變成一堂美妙至極的芳療課程。

——美國消費者

"

®

情感親密

指消費者與品牌之間的深度私密關係，從消費者感到被了解與被接納為獨特的個體發展而來。品牌本身或許沒有內心深處的感覺可供分享，但品牌仍然可以用各種方法來投射情感，誘發消費者的感性回應，藉此打造情感親密關係。很多運動品牌正是透過呈現運動員成功的喜悅這類意象來激勵消費者。

另外，品牌往往以貼心表現和充滿愛的關懷來呈現情感親密。

對我而言，一切都跟愛有關。因為我太愛西南航空，
願它發光發熱，即便我沒有直接的好處。我衷心希望
這家公司順順利利，員工也快快樂樂，也希望它的安
全紀錄沒有一丁點瑕疵，所有能讓公司超越對手的一
切事物，我都希望它能得到。

——美國消費者

認知親密

指消費者與品牌之間以理性為取向的關係，從感覺到理智相通
發展而來，這種關係往往以深愛及推崇品牌的價值或精神為基
礎。

我覺得品牌親密度高的公司重視的價值跟品牌親密度低的公司不同。品牌親密度高的品牌比較重視顧客，也比較樂於花心思取悅顧客，而且提供高品質服務或產品的機率也更高。它們真的很重視顧客。

——美國消費者

®

經驗親密

消費者與品牌之間所培養出來的社交取向關係，從對特殊團體產生歸屬感發展而來。

三星（Samsung）是電子巨擘，我們一家子都很愛。
我們自認是「三星一族」，每個人都有最新一代的三
星產品，包括電視、室內電話、行動電話，統統都是
三星，就是因為這個牌子很可靠。

—— 德國消費者

互惠是關鍵元素

講到建立強勢的品牌連結，互惠絕對是關鍵元素，這一點進一步與人際關係的結構相呼應。關鍵就在於雙向的參與，換句話說，不管是品牌還是人都必須積極參與。有些消費者可選擇電子郵件、註冊電子報或是填寫保證卡的方式，與品牌進行深入的溝通。有些則在Facebook 上對品牌按讚，回覆貼文及分享品牌的內容，藉此開啟更積極的品牌對話。不過，我們很少看到有任何行銷策略或理論在探討品牌關係的雙向互惠特性，因此這可以說是一種嶄新又重要的方法，對思考如何建立連結大有裨益。

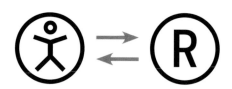

蜜多麗（Midori）牛奶和玉之肌（Miyoshi）香皂為我家人與孩子的健康幸福把關。這些產品滋養了我們，讓我跟這個牌子感覺特別親近，它就像我的家人一樣。

——日本消費者

發現
04

六大原型實現了
品牌親密度

在觀察消費者如何闡釋與定義他們跟品牌的親近關係時，我們發現消費者一再使用同樣的字眼和經驗來描述他們感受到的品牌連結。愈是深入去分析，就愈能清楚體認到這些「記號」其實是最具效果的工具，大大有利於建立品牌親密度。我們用軟體來判斷這些字眼和經驗出現的頻率，後續又透過因素分析針對一組組的情緒、感覺和聯想排出優先順序，並加以組合和歸納。

最後我們彙整出六個會出現在親密品牌當中的原型，不管是全部出現亦或是只出現幾個。這六個原型清楚指出親密品牌關係的特徵與性質，不過我們也發現，品牌未必只靠一種原型來實現親密，國際性品牌的原型尤其會隨著國情不同而採用不同原型，這一點頗令人玩味。舉個例子來說，德國消費者經由懷舊原型與品牌互動的機率，是美國或日本消費者的兩倍。日本消費者更有可能以認同原型跟品牌建立親密關係，而墨西哥消費者透過放縱原型親近品牌的比例最高。

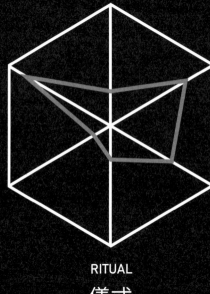

FULFILLMENT
滿足

INDULGENCE
放縱

IDENTITY
認同

NOSTALGIA
懷舊

ENHANCEMENT
增強

RITUAL
儀式

品牌在各原型的表現

®

滿足原型　我只買汰漬（Tide），很少注意其他品牌的洗衣精。我覺得汰漬最厲害，用它洗衣服最乾淨，所以我家洗衣間一定會有八罐備用的汰漬洗衣精。

——德國消費者

認同原型　蘋果的產品非常好用，很有型又可靠，不但讓我變時髦，甚至讓人覺得我很酷。

——德國消費者

增強原型　我讀小學時就有 PlayStation 了，玩 PlayStation 是我跟哥哥最棒的相處方式。我用遊戲交朋友、學習解決問題，甚至把完成「電玩」中的任務列為我人生的成就之一。

——美國消費者

儀式原型　　對我而言，Lavazza 是最棒的咖啡無誤。我每天起床第一件要做的事就是好好享受一杯 Lavazza 咖啡，這已經變成一種例行公事，少了它可不行。

──德國消費者

放縱原型　　我很愛 Lindt 的高品質，這家公司只用最好的原料製作產品，所以我才會這麼愛吃這個牌子，也喜歡在復活節、生日、聖誕節這類特殊節日拿來送禮。

──德國消費者

懷舊原型　　我自小就很迷外國音樂。我會買外國的音樂雜誌，也會欣賞雜誌介紹的品牌，而當時我最心動的品牌之一就是 Fender 的吉他。我現在就有一把這個牌子的吉他，看到它就讓我想起小時候那段美好的回憶。

──日本消費者

品牌親密度會歷經
不同的階段或時期

就算遇到一個你覺得魅力四射的品牌，你也不會馬上就跟這個品牌建立親密關係。親密需要時間的醞釀，換言之，唯有先建立信賴感、彼此互動、承諾，最後才能成為共同體。

我們所做的質化研究顯示，當一個人在建立品牌親密度時，一定會歷經幾個特別的階段，就跟人與人之間的關係一樣。達到品牌親密度的境界所需的時間並非固定不變，但過程中一定會歷經三個階段，不因品牌、文化或地理位置而有所不同。另外，每一個階段又有關係可能會結束的風險，這一點也跟人際關係類似。不過，關係發展到愈高階段，得到寬恕的可能性也愈大。

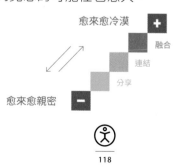

融合	Red Valentino 所象徵的生活方式對我非常重要，穿上 Red Valentino 的衣服讓我有了另一種表情。

——日本消費者

連結	我花在電腦上的時間很多，所以對滑鼠特別有親密感。我的滑鼠非常好用，幫我完成很多任務，從沒讓我失望過，也帶給我許多歡樂。

——日本消費者

分享	我覺得耐吉（Nike）懂我的需求，所以我對這家公司的精神和象徵很有好感。

——美國消費者

Ⓡ

不努力經營
就無法讓親密持久

———

即便走到了親密這一步，也不表示會永遠親密下去，就跟人際關係一樣。品牌必須努力維持與消費者之間的關係，否則便有可能失去消費者。所謂的維持關係牽涉到很多環節，包括保持高品質、順應消費者的需求、獎勵熱衷品牌的顧客，以及為出現錯誤道歉等等。若違背或背叛消費者的信任，後果將不堪設想。不過我們深信，當品牌關係十分親密的時候，獲得消費者原諒的可能性會更大。儘管如此，消費者若沒完沒了的抱怨，必然會導致關係破裂或不利關係發展。就我們觀察所得，親密的相反並非拒絕，而是冷漠，我們緊接著會深入探討這一點。

"

我比較願意原諒小錯誤，比方說買到品質不好的產品
（只買到一次的情況下），我知道或我至少會想那並
不是這家公司的常態。但如果一而再再而三讓我失
望，那下次我需要這家公司的某樣產品時，我很有可
能會去找別家產品來用。

——美國消費者

"

親密的相反是冷漠

在讀過消費者的故事，了解他們與品牌的關係之後，我們發現親密的相反其實是冷漠。生氣和挫折這類短暫的感覺退去後，接著會出現冷漠的態度。冷漠就是事不關己，一種冷淡、抽離的感覺，亦或是對事物疏遠或不感興趣。在追求親密的過程中，任何一個階段隨時都有可能發生這種現象，所以這也是時時刻刻都得審慎以對的風險。品牌關係跟人際關係一樣，絕對不會靜止不動，而是一直處在流動狀態，有可能離親密無間愈來愈近，但也有可能愈來愈疏遠。

產品／服務品質低劣及表現令人失望，最容易傷害品牌。在消費者的親身經驗裡若出現品牌不可靠的狀況，那可就有麻煩了。品牌有可能因為再也無法實現最基本的功能和可靠性，而敗壞了多年經營的商譽。請參閱 3-2「失敗、洞察和省思」，了解更多有關冷漠的探討。

停滯不前也是造成消費者愈來愈冷漠的原因之一。品牌若活在過去的榮光裡，不思提升自己，往往會導致忠誠消費者的萎縮。

這個品牌實在讓我失望透頂，對我的生活而言可有可無。

——美國消費者

有幾個品牌都沒有與時俱進，我已經對它們無感了。

——美國消費者

品牌親密度十分珍貴

當今品牌有親密表現的屈指可數,並非處處可見。我們最初在進行篩
選,挑選合適的研究受訪者時,有將近 4000 位消費者被列入考慮。
然而在這些消費者當中,只有不到四分之一的人顯示出可能與品牌有
親密關係,再加上必須是品牌用戶才符合條件的話,親密消費者的人
數又進一步減少。不過,後續在我們進行量化研究時,親密使用者的
比例卻增加了,有鑑於在當時進行研究之前,各界並未針對建立親密
品牌共同努力過,因此出現這種現象也不足為奇。

這些品牌製造的都是我在使用的產品，但沒有哪個品牌讓我有親密感。

——美國消費者

我不覺得我跟哪個品牌很親密。

——德國消費者

科技是品牌親密度的
推手兼殺手

科技是一把雙面刃,雖然能夠促進品牌親密度,但也有可能傷害或終結親密關係。大部分的消費者理所當然地以為品牌都是用科技來觸及他們。人們跟品牌對話,品牌則向他們傳達訊息,人們又相互談論品牌……這種互動隨時隨地都在進行,沒有停止的一刻,而品牌吸引消費者、創造親近關係的手法也因此徹底被改變了。

當然科技也有不利之處,比方說品牌不請自來地向你傳播訊息,或給人唐突或冒失之感,這些狀況其實反而把消費者推得更遠。行銷人員必須在傳播方式上找到一個甜蜜點,既要有意義又不至於煩人。另外,行銷人員也應該為自己有幸取得的各種資料做好把關工作,譬如保護隱私,不向其他對象洩漏消費者提供的資料。

"

我覺得不管是透過電子郵件還是透過網站所做的互動，其實都會影響你對品牌的感覺。

——日本消費者

我的理想品牌會利用科技建立固定的溝通管道，通常是透過電子郵件定期提供獎勵來回饋我的忠誠，我也用電子郵件這種簡便的方法向品牌提出我的意見，讓品牌有機會對我的意見表達感謝之意。

——美國消費者

"

Ⓡ

我們對人們如何與品牌形成親密關係的認知，正是以這九項發現為架構基礎。從消費者鉅細靡遺的說明及所提供的 2 萬個故事裡，我們看到了他們對產品、服務及公司所產生的感覺、關係和連結，這賦予我們十分寶貴的洞見。接下來，我們要把這種概念變得更具體，再整理出資料模型，使親密關係的機制與驅力得以量化呈現。

重要發現

1 品牌親密度與人際親密很像

2 品牌親密度的形式與人際親密如出一轍

3 互惠是關鍵元素

4 六大原型實現了品牌親密度

5 品牌親密度會歷經不同的階段或時期

6 不努力經營就無法讓親密持久

7 親密的相反是冷漠

8 品牌親密度十分珍貴

9 科技是品牌親密度的推手兼殺手

®

重點摘要

- 品牌擁有巨大的影響力與打造強大連結的能力。

- 人類 90% 的決定都是受到情感的驅使。

- 當今品牌的普及化、科技的角色及神經科學的進步大幅改變了行銷與商業。

- 既有的行銷途徑和模式雖然管用,但未能反映新的行銷勢力,也沒有考慮到情感在打造品牌過程中所扮演的重要角色。

- 親密與親密關係是嶄新又強大的方法,可用來檢驗和探索消費者與品牌之間的變化消長。

- 人們會用跟他人建立關係的同一種方式來與品牌形成關係。

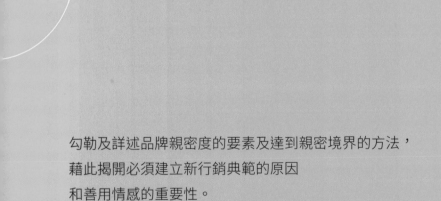

勾勒及詳述品牌親密度的要素及達到親密境界的方法，
藉此揭開必須建立新行銷典範的原因
和善用情感的重要性。

理論與模式

THEORY & MODEL

2—1

定義與模式

品牌親密度的定義與模式

講到定義品牌親密度,最讓人難忘的說法莫過於愛利克・艾瑞克森
對親密的表述——即「親密是一種將你的自我與另一個人的自我相
互融合,但又不會害怕失去自我的能力」。[78] 這個定義之所以意義重
大是因為點出了以下兩個掌握品牌親密度不可或缺的元素:

安全感:指一種不害怕的心情,也就是人在發展某段關係時,
會隨著時間的腳步從經驗中學到卸下心防,變得更樂於分享的
一種安心感受。

滿足感：自我融合的概念指出了雙方關係有著親密的私人連結及歸屬感。

這個重要的定義正是我們的理論基礎。接著我們要建立一套模式來打造及測量品牌親密度，使我們的途徑更為具體。

首先先從網路社群和初步思維著手，接著再擴充量化研究做深入的探析。我們對美國、墨西哥、阿拉伯聯合大公國、日本和德國總計 1 萬 2,000 名的消費者進行研究，看過 2 萬多個質化品牌故事，並解讀了 10 萬多筆的量化品牌評價。

量化調查主要是用來補充及擴大我們先前所做的質化研究，目的是進一步了解消費者與品牌之間的關係深淺，以及這些關係在各種產業可發揮的效力為何。另外我們也想知道哪些品牌擅長跟顧客建立親密關係。此研究採取因素分析、結構方程模型和其他分析技術，使我們得以找出必須善加利用的層面，才能用最有效率的方式打造品牌與消費者之間的親密關係。

我們的「品牌親密度模式」（Brand Intimacy Model）由幾個關鍵要素組成，十分有利於建立親密的品牌關係。當今世界已然大幅改變，這份認知正是此模式的開發基礎，同時它也善用了情感是人類決策背後的推手這項資訊。品牌具有情感元素的主張雖非新鮮事，但以情感和親密為根基來打造新行銷途徑卻是相當新穎的構想。

Ⓡ

此模式的前提為你必須是要建立親密感之品牌的用戶。對品牌有強烈情感連結的人已經歷經前面的導入期（也就是指形成關係之前），譬如知曉、觀望、偏好和購買這些環節。因此，品牌親密度其實是更為精巧且先進的途徑，它預設關係已經存在。

接著就來詳細探討品牌親密度模式。

○○ 新行銷典範

品牌親密度是一種**善用和
加強個人與品牌情感連結**的
新典範

如何測量品牌親密度

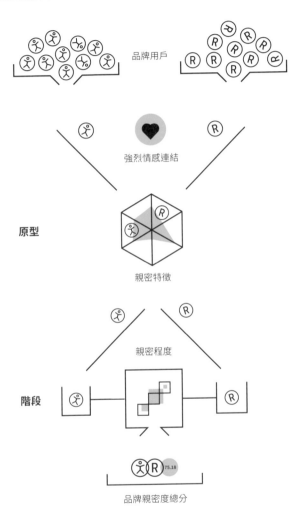

品牌用戶

強烈情感連結

原型

親密特徵

親密程度

階段

品牌親密度總分

模式：品牌用戶

用戶是品牌親密度模式的第一個要素。這是關鍵環節，光是這個環節就已經有別於其他焦點多半比較廣泛的途徑。想要跟品牌變得親密，就必須一再嘗試或使用該品牌。親密的先決條件就是消費者已經熟知該品牌。用人際關係來講的話，當你想要跟某人親密，勢必已經先跟對方有交情。因為親密的特質就是以關係已存在為前提，而且通常是意義重大的關係，所以我們的模式自然更具體明確、效果也更強。這樣的前提可確保我們在分析、評等及診斷品牌時，是以那些已經涉入某種程度的親密的人為準。品牌的用戶雖然會隨著各品牌的目標受眾不同而有所不同，但一定得是品牌的用戶才能建立親密關係，這是沒得商量的必要原則。

除了品牌用戶這個要素之外，對品牌有強烈的情感連結則是另一項
必要條件。情感連結是品牌親密度的核心，這一點也跟神經科學和
行為科學在人類決策模式的新發現相呼應。其他模式很少在探討情
感，把情感視為核心要素的更是少之又少。情感就是一切，它主導、
牽引和驅動人們的決定。人的感覺愈豐富，與品牌的關係就愈容易
受到情感的影響。消費者必須先顯現出對品牌有強烈的情感連結，
才能啟動親密的品牌關係。並非每個對品牌有情感連結的人都會跟
品牌親密；但跟品牌親密的人，則一定會有強烈的情感連結。品牌
與消費者之間的情感連結愈強烈，關係就愈強大。消費者對品牌整
體感受愈正面，個人對品牌重要屬性的聯想愈強，就會激發出強烈
的情感連結。我們在進行量化研究調查時，請受訪者分別就具有強
烈情感連結、正面關係、感覺普通或負面聯想的品牌描述他們的感
覺。結果顯示，只有對品牌有正面和強烈感覺的受訪者會進一步評
價品牌。

情感為何如此重要？因為親密的定義以強烈的情感連結為前提。舉個
例子來說，美國心理學會（American Psychological Association）
前主席莎朗・布萊姆（Sharon Brehm）就指出：「親密關係有幾個
清晰的特徵，包括行為相互依賴、需求被滿足以及情感依附。」[79]

模式：原型

品牌的原型以各種不同的心理為訴求，這些原型有助於界定周遭環境，抓出可促成親密的典型模式和關係。心理學家榮格（Carl Jung）的理論則指出，人們有使用象徵來理解和處理概念的傾向。另外，我們的品牌原型雖然看起來很相似，不外乎就是記號跟線索，但要再次重申的是，這些原型並非我們憑空發明，也不是偶然間想出來的，而是進行質化研究時，從消費者對品牌關係的敘述中所觀察、描繪和歸納出來的模式，之後又得到量化因素分析的驗證。

原型十分重要，因為它們是品牌聯想獨有的濾鏡，可以映照人的根本需求與慾望，就像捷徑一樣引領人更親近品牌。有鑑於人容易受

到本能的驅使，又是情感取向的決策者，因此原型在打造更親密品牌的最初過程中，是非常關鍵的要素。

我們從各種親密關係中找出了六種一定會出現的典型模式或記號，不管是全部都會出現還是只有一部分。這六種模式指明關係的本質與特色，而我們的量化研究則接著使用結構方程模型，揭露這些原型如何促進消費者與品牌的緊密關係。最能有效培養親密關係的品牌，一定對原型的運用十分出色，不管是採取一個還是多個原型。有鑑於品牌必須激發消費者的本能，迅速與他們連結，因此原型也是一種便捷實用的途徑，有助於建立連結並形成依附。

此概念跟克里斯多夫・布克（Christopher Booker）在其著作《七個基本情節》（*The Seven Basic Plots*）中所提到的理論十分相似。該著作指出了以下三點：不管是什麼樣的故事都依循著七種基調、故事可以反映人的心理發展，以及人類處理資訊的方式既出於本能又原始 [80]。

這種概念跟品牌有何關聯呢？簡單來講，這表示掌握好品牌的基本故事就能事半功倍。也就是說，讓品牌涉足愈多原型絕對是好事一樁，因為原型會發揮錨點的作用，創造強大的場域供品牌表達自己並取得認同。行銷人員只要掌握每一種原型的作用力，就能精準判斷應該推動哪個槓桿，才能更有效率的把品牌從冷漠的關係帶往親密境界。六大原型有助於確保品牌的 DNA 裡一定具備情感成分。

原型是促成消費者與品牌之間形成連結的基本元素。這些元素就像黏著劑一樣，具有吸附和接合的作用。每一種原型都會對品牌的壯大產生獨特、強大又重要的影響。接下來我們要介紹一些實例，逐一勾勒出每種原型的輪廓，以便對它們有更清晰的了解。從這些實例可以發現，品牌不一定要將原型想成是公開或文字訊息的傳遞亦或是宣傳活動，倒不如把原型當作影響或導引品牌與人們關係的方法。我們會從排名清單中挑出一些品牌，深入探討其品牌表現，以及六大原型發揮了哪些作用，幫助品牌達到更強大的顧客連結。

滿足原型

超出期待又很可靠，意謂滿足。然而對亞馬遜（Amazon）來說，滿足的意義又不僅止於此。亞馬遜品牌不但打造了獨特的商業主張（將零售、雲端服務、娛樂和科技集於一身），它也稱霸了我們的品牌親密度排行榜。不過若要你仔細想一想亞馬遜品牌散發哪些暖心的屬性，你舉得出來嗎？大概沒辦法吧。

那麼亞馬遜為何表現如此精彩，能驅動最終來講至為重要的環節，讓消費者對品牌很有感？這個品牌身價將近 700 億美元，比 2015 年增長 24%，毋庸置疑是一個十分成功的企業[81]。亞馬遜是不是把它在實驗室裡調配出來的品牌「騙心術」（和無人機宅配大隊）給用上了？不管是線上還是別種零售業，有任何品牌可以追得上亞馬遜的腳步嗎？是什麼東西激發他們薈萃出如此獨特的品牌表現？

想要了解個中原因，得先認知到亞馬遜不只在零售業類別稱霸一方，該品牌也在我們研究中過關斬將，一路快速竄升到整體排名的第三名。亞馬遜以滿足原型笑傲所屬產業，乍看之下，這是理所當然又很基本的事情，畢竟「滿足」消費者是線上零售企業的基本要件。然而，超出期待又可靠的表現接著會衍生出信心、信任和保證，這些都是建立連結與深化關係不可或缺的要素。只要實現期望，甚至

滿足原型

總是超出期待

落實卓越的品質／服務

物超所值

示範品牌：

amazon

"

Amazon Prime 太神奇了，我沒辦法想像如果沒有它怎麼辦。不管我們需要什麼東西，它們都會像變魔術一樣變出來，而且只要有任何問題，它們一定會修正。

——美國消費者

我覺得我跟亞馬遜的關係很親密，因為它們可以滿足我的願望。

——美國消費者

"

R

做到超乎期待的地步，品牌就可以把「良好服務」這個基本特色提升到另一番境界。能在這個範疇開創新氣象的品牌，有機會成為人們日常語言裡的「動詞」，藉此得以享受很多好處（Google 就是一個很好的例子）。就我們所研究的諸多產業來說，不少名列前茅的品牌都很喜歡運用滿足原型。相較於放縱或懷舊這些重心較為集中的原型，滿足原型或許也算是最廣泛的原型，也就是說，如果品牌想充分發揮這個原型的功能，就必須多管齊下、顧好很多環節才行。以亞馬遜的經營效率和非凡技術來說，真的跟滿足原型十分合拍。

亞馬遜不愧是線上零售先驅，它不放過顧客旅程中的每一個環節，大大擴充了影響力生態圈，也拓展了輕鬆就能購買及宅配到府的服務範圍，藉此提供滿足感。亞馬遜大膽、創新，自始自終都致力於從大小層面來改良提供物。也正是這種經驗，激發了顧客對亞馬遜產生信心和信賴感。

亞馬遜可靠、可預測，最重要的是提供一貫的價值（優惠），所以才能用優質的服務在滿足感方面領先群倫。它找出顧客輪廓，建議恰到好處的品項，成功製造吸引力，然後逐一落實各種服務，在顧客心中激發出一種會上癮的滿足感。亞馬遜所供應的產品是其他品牌所比不上的，這個平台不但便利，且因為持續創新、進化並不斷擴充提供物，所以總是能超越消費者的期待。它掌握了物流和供應鏈，去除了產品與消費者之間的媒介，讓產品可以直達顧客手上。

零售品牌的滿足原型表現

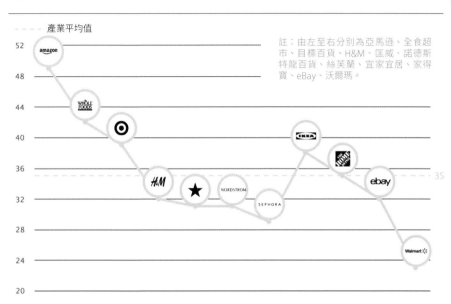

Amazon Prime 則祭出運費折扣（運費和運送時間都減少），還提供娛樂服務和其他優惠，進一步促使顧客產生某種新型態的忠誠。這招很有效，Amazon Prime 的顧客在亞馬遜平台上平均一年花 1,500 美元，非 Prime 會員則平均一年花 625 美元[82]。

這個品牌並沒有多費唇舌談滿足，而是從各方面來體現亞馬遜帶給消費者何種經驗、享受，以及亞馬遜如何落實各種服務。這是重大的貢獻，意味著不該只是將原型視為純粹的溝通平台，原型其實可

以是品牌的作為或基柱，透過使用過程而被消費者體驗到。

以下圖表列出了我們的研究在零售類別排名最高的幾個品牌（依排名高低順序），以及該品牌的滿足原型分數。亞馬遜的排名居首位，前十名品牌中約有一半相當於或低於此重要類別原型的產業平均值。

我們也發現在滿足（零售類別原型的驅力）方面拿到高分的零售品牌，通常有很大的比例會進入融合階段的顧客關係，可見此原型的強勢表現跟親密關係的發展息息相關。亞馬遜是所有零售品牌裡與顧客融合（也就是指顧客進入了親密的最高階段）比例最高的品牌，在我們調查的將近 200 個品牌當中，亞馬遜則是排名第四擁有最大比例融合顧客的品牌。

亞馬遜建立了更強大的顧客連結，在品牌親密度的表現獨占鰲頭，也成為後來走向康莊大道的好兆頭。亞馬遜在滿足方面的表現超越同類別的品牌，造就出 51% 的顧客體驗到某種形式的品牌親密關係，跟所屬類別平均值 34% 比起來，是相當驚人的比例（請參閱 150 頁圖表）。

另外，亞馬遜在我們研究的千禧世代（18 到 34 歲）最愛品牌評等名列第二，也是年收入 3 萬 5,000 到 10 萬美元階層最愛品牌的第一名。以使用頻率來講，此品牌把一般零售商都比了下去，而且價格彈性是平均值的兩倍。在「不能沒有它」這個評等項目上，消費者

⬤◯ 零售品牌的融合顧客比例

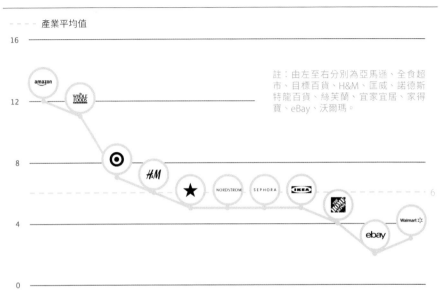

- - - 產業平均值

16

amazon

註：由左至右分別為亞馬遜、全食超市、目標百貨、H&M、匡威、諾德斯特龍百貨、絲芙蘭、宜家宜居、家得寶、eBay、沃爾瑪。

WHOLE FOODS

12

8

H&M

★　NORDSTROM　SEPHORA　IKEA

6

Walmart

4

ebay

0

也給了亞馬遜很高的分數。假如這些證據還不夠的話，請注意，亞馬遜比任何其他線上零售商更受信賴[83]，更在 2015 年花了將近 100 億投入研發[84]，而且其雲端服務部門很快就會超越零售業務的營業淨利[85]，基於這三點，大家很快就會發現它成為霸主之路才剛開始而已。亞馬遜的成功很難用三言兩語來解釋，就跟多數的大公司一樣（指收益 500 億左右的公司）。但話說回來，真的很少見到一家看

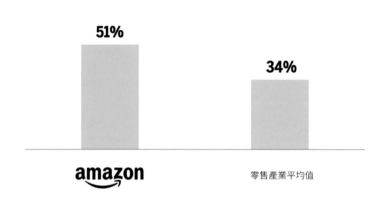

進入親密階段的顧客比例

51%

amazon

34%

零售產業平均值

起來並沒有在行銷和傳播方面大張旗鼓的公司，竟然能擁有如此驚人的品牌強度。想想看，上次亞馬遜打廣告是什麼時候？

亞馬遜也持續在其他方面挑戰既有的品牌慣例。一般來講，品牌很難從價值定位（value positioning）轉換到奢華或高價位品牌。雪上加霜的是，以滿足實用功能為目標的品牌很容易被邊緣化。一旦品牌落入聯想的最底層，就很難在消費者的聯想中占有一席之地。比方說手機供應商、公用事業（譬如電力公司），或甚至是有線電視業者，這些都是跟消費者的情感連結較為薄弱的典型品牌類別。在這些類別裡，往往有很多難以脫身的忠誠消費者，他們雖然繼續使

用服務，內心卻有離不開或沒有其他出路的苦惱。反觀亞馬遜，雖然就規模來說並沒有真正可以跟它相提並論的競爭對手，提供的又是有如公用事業的服務（線上購物和宅配服務），但是它不會讓消費者覺得自己是個脫不了身的忠誠顧客。更驚人的是，它仍持續增加各種產品和服務品項，從個人電子產品、娛樂和內容，到企業雲端服務等等應有盡有，全都在現今市場上大有斬獲。它們的品牌一直在挑戰界限，突破傳統所謂的可能性及最佳典範。

亞馬遜滲透力強又直接，沒有其他品牌可以比它更能夠滿足消費者的需求，所以才能在消費者心中確立重要地位。它在滿足原型的霸主地位，顯然就是造就該品牌大鳴大放的原因之一。在人們的日常生活中，亞馬遜已經成為新品牌必需品，是人們信賴的東西。亞馬遜看似並沒有宣傳感性的品牌訊息或廣告，卻在用戶心中牢牢占有一席之地，成為用戶可以感受得到又寄予信賴的品牌。

亞馬遜等同於品牌親密度？毋庸置疑！

認同原型

我希望……

有我強烈認同的價值觀

幫助我表明自己渴望的生活方式

示範品牌：

"

全食超市……看到新東西或是健康有趣的東西就像歷經一場冒險，我很喜歡那種感覺。我跟這個品牌和它的精神相通。

——美國消費者

全食超市是所有品牌當中，最擅長跟人們建立親密關係的品牌。它的商品有著一貫的高品質，但不只是讓顧客採買的空間而已，全食秉持永續與保健的精神，我也是！

——美國消費者

"

認同原型

「純正」的品牌是令人嚮往的屬性。想知道原因嗎？或者換個問法，為什麼純正又真實的經驗會讓顧客產生強烈共鳴呢？這些屬性正是我們稱之為認同原型的核心元素。認同原型最常見於具有堅定目標或強大信念系統的品牌。這種品牌通常致力於創造高層次的優勢，以利鞏固品牌的本質或存在的理由。對這類品牌來說，承諾某些價值觀往往比分享價值還要重要。以冰淇淋公司 Ben & Jerry's 或美體小舖（The Body Shop）這類品牌為例，它們就願意在社會和環境事業方面做出承諾，造就強大的認同感。嬌生公司（Johnson & Johnson）的信念也是一個具有開創性的例子，它們示範了一家公司是怎麼透過宏觀的商業及品牌信念來定義自己。

品牌精神應該是某種令人嚮往又信服的東西──就這種傳統認知來說，認同原型可以說最具代表性。善用認同的品牌往往自信又自豪，一家公司能否傳達純正鮮明、專屬於產業的訊息，就取決於它是否能清楚表態自己所支持與不支持的東西。

認同原型的另一個要素是嚮往。這個要素可以跟能產生迴響的價值觀搭配在一起，也可以作為獨立的訴求〔譬如耐吉和勞力士（Rolex）就是人們嚮往的品牌〕。

人類的生活隨著科技與媒體訊息的轟炸而益趨複雜，導致人際之間的距離愈來愈遠。有一種正在擴大的流派認為，在這種混亂的年代，信任具有崇高目標或本著某些價值觀的品牌，讓人們有了可以信任的對象，也給了人們可以在乎的關係。在信仰這些品牌的過程中，我們連結和依附的不只是該品牌，還有那些跟我們一樣欣賞該品牌、也就是共享價值觀的人。〔以 2016 年美國總統大選期間伯尼‧桑德斯（Bernie Sanders）的競選活動為例，當時有很多人——尤其是千禧世代——顯然都十分認同桑德斯先生所信奉的共有價值觀，並逐漸匯聚出一場引起熱議的「運動」，不但成為人們的共同事業，同時也提供了一條明確有效的途徑，讓大家能夠認同自我。〕

現在就舉個正在發揮作用的實際例子，來說明認同這件事。根據我們的研究顯示，全食超市（Whole Foods）是美國十大實體零售品牌之一，這項資訊是否讓你嚇一跳？不過才短短 36 個年頭，這家零售超市就已經把自己打造成販售高級有機食品和生活用品的龍頭超市品牌。全食超市對公平交易、員工及幸福企業、慈善事業、環保和高級「天然」產品的承諾全都實現了。該品牌已經連續 18 年進入《財富》雜誌「最適合工作的 100 家公司」榜單 [86]，全職員工的平均時薪於 2014 會計年度為 19.16 美元 [87]。

到全食超市走一趟，內心會立即感受到該品牌對其核心價值的重視。產品成分一定位在正面中央，也盡可能明顯標示產品取得來源，讓

人看得清清楚楚，如此消費者才能一目了然，接收到此零售品牌所強調的重點，及其對更健康、更永續生活的堅持。另外，全食超市致力於供應鏈透明化，藉此教育消費者，使他們掌握更充分的資訊，進而對品牌產生信賴感。從該品牌陳列生鮮食品所展現的用心和美感，也能清楚看到認同原型的輪廓。顯而易見的是，消費者之間存在著一種渴望吃得更營養、活得更健康的集體意識，而全食超市則真實反映了這種嚮往的心境，讓消費者變得更愛自己。

善用認同屬性的遠大目標型品牌，由於能用深刻又有意義的方式跟消費者建立共同體，因而效益卓著。人都喜歡自己欣賞的品牌，對於那些給予支持就能讓我們自我感覺更棒、以及所秉持的原則深受我們尊敬的品牌，也總是情有獨鍾。在我們的研究當中，全食超市的表現為總排名第八，在女性消費者心中總排名竄升到第四，在各年齡層及各收入水平也表現均優。由於消費者對健康食品需求的增加，也逐漸對各類食物與成分的作用有更深的了解，因而造就了全食超市品牌的快速成長，真可謂恰逢其時。

全食超市品牌以遠大的目標為本，以致於達到了非常親密的水準，這就是吉姆‧史丹格爾（Jim Stengel）所謂的「理念品牌」（the ideal）——指品牌精神深深打動消費者 [88]。他主張，以宏大的使命宣言為立基點的品牌，其表現會優於競爭者和市場指數。這種打造品牌的模式跟認同原型密不可分。

◖ 零售品牌的認同原型表現

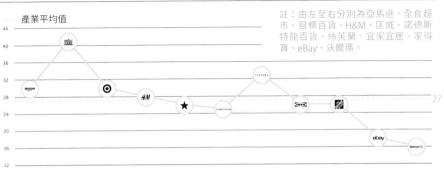

全食超市在認同方面所得到分數比業界其他品牌高很多。在我們研究的所有品牌當中，全食超市的認同原型表現為第三高，前兩名分別是代表性的嚮往品牌蘋果和哈雷（Harley Davidson）。該品牌所涉及的經濟公平（economic equity）議題，則是另一個有趣之處。全食超市一向被視為高價位超市，然而很多消費者卻表示，比起該類別的一般品牌，他們樂意多付兩成購買全食超市的產品。同樣的問題若拿來問全食超市的融合顧客，則有多達 31% 的人斬釘截鐵說他們願意多花一點錢，非常驚人。

假如把這個品牌跟線上零售商亞馬遜相比，會發現這兩個是截然不同的品牌（甚至可以說是完全相反的品牌），但兩者卻各憑自己的特色摘下成功的果實，十分有意思。亞馬遜稱霸線上體驗，打造出

便利、高品質又可靠的引擎;全食則建立了健康、資訊與透明度合而為一的實體生態體系。從亞馬遜併購全食超市之舉也可以清楚看到,相反物也有可能激出美麗的火花。這兩個強大的親密品牌攜手齊心,說不定能產生互補的效果或組合出新優勢。各有獨特輪廓的親密品牌,究竟會如何統整它們的影響力,又會如何左右顧客連結,真是令人十分期待。

不管是跟認同有關聯,亦或是以之為原型,顯而易見的是,含有認同元素的品牌勢必得具備或建立強烈的自我認同感,並設法讓消費者看見且對此認同產生連結才行。人都會對那些容易連結的事物有親近感,這是天性使然。

換個方式說,品牌跟顧客之間的共同觀感愈多、品牌對顧客的啟發愈多,效果也就愈強大。

增強原型

蘋果的品牌親密度跟商業表現優異成正比，這一點想必沒有人會感到訝異。該品牌在我們的研究當中位居第一，它在其他品牌研究、各產品類別及整體財務報酬方面的表現也同樣領先群倫。

蘋果的系列產品連同其零售店與線上商店的整體卓越表現，確立了一套少有品牌能與之匹敵的指標。學術界和從業人員在思索最佳實務做法時，往往都以蘋果為基準線。

在我們的研究中，蘋果除了拿到總分最高分（77 分），以及在整個融合階段和「不能沒有它」評比項目都拿到高分之外，最驚人的就是在五個原型上都有十分亮眼的表現。

由此可見，蘋果動用了好幾個原型跟消費者建立連結，而這些原型光是單獨運用就已經大大有助於建立強大的連結，經過統整後，更能產生相輔相成的增強效果。

接下來要闡述蘋果如何善用它最具優勢的「增強原型」，並探討該原型如何把人們變得更好、更聰明、更有能耐又連結性更強。這是一種「非常重視個人色彩」（high-touch）的原型，定義十分大膽。即便是在科技業這類尖端產業，蘋果的增強原型分數都比業界平均

增強原型

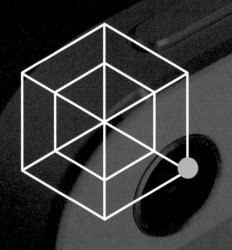

讓我的生活更輕鬆

讓我更有效率

使我變得更聰明、更有能耐、連結性更強

示範品牌：

> 蘋果成功變成人們生活不可或缺的東西。
>
> ——日本消費者
>
> 蘋果讓我更親近每個人，也激發我的生產力，讓我輕鬆又迅速的做好事情。
>
> ——美國消費者
>
> 蘋果讓我跟珍愛的一切人事物保持聯繫。
>
> ——美國消費者

值高出將近 30%。

善用此原型的品牌往往勇往直前，敢於涉入更為激烈的場域。如果能實現目標，便可得到莫大好處；但若一敗塗地，則有可能被打入冷宮，品牌從此萬劫不復。想想看，蘋果只要跌一跤，不管是多麼微小的錯誤還是罕見的策略失誤，亦或是讓顧客感到一絲不便，就招致了多少訕笑，即便那些問題最終似乎都是為了消費者的好處著想。

蘋果面對陣陣批評聲浪和顧客不滿的情緒，但最後都熬了過去，譬如「天線門事件」，即 iPhone 4 的天線會導致收訊不良的爭議，該事件致使《消費者報告》雜誌（Consumer Reports）不推薦該產品；近來又有新 iPhone 手機拿掉了支援專屬 lightning 連接頭的耳機孔而引發的風風雨雨。不親密的品牌若碰上顧客這種感覺退卻的狀況，恐怕很難熬得過去。

蘋果草創之初便致力於打造「人人都會用」（for the rest of us）的桌上型電腦。這種初衷使蘋果鶴立雞群，大大有別於 IBM、戴爾（Dell）或惠普（HP）這些品牌，以單一目標為準，努力開發史上最好用的消費型電腦產品。隨著電腦可攜性提高並納入了娛樂和溝通裝置，蘋果儼然成為統整了軟硬體及數位生活（方式）服務、具有領導指標的生態體系。

相較於競爭對手都從電腦某個單一領域起家（比方說微軟從作業系統起家；Google 從搜尋引擎發跡；戴爾和惠普從硬體切入），蘋果反而善用創新與調配的能力，把整個消費型產品經驗化為軟硬體與使用者合而為一的流暢體驗。

蘋果出現之前的個人電腦，清一色只重工程、缺乏美感，看起來多半像個米色的箱子。蘋果這家公司不只製造好用又聰明的產品，它也十分重視美感。電腦可以優雅，電話可以很有型，智慧手錶也可以充滿時尚感。

該品牌對美感的執著可在各種相關事物上看到，比方說專賣店、產品包裝到行銷手法，每一個跟用戶接觸的決定都經過精心的考量與設計，所以十分討喜。設計風格以及對呈現細節的重視，他牌望塵莫及，最近甚至有很多競爭對手紛起效尤，以蘋果的常規和實務做法為馬首是瞻。

蘋果依然迴盪著對創辦人史蒂夫·賈伯斯（Steve Jobs）個性的崇拜。該品牌致力於尋找嶄新的好方法，讓人們得以在日常生活中善用科技的力量，但很少有品牌（事實上，大概只有 Google 和微軟有這種能耐）能真正宣稱它們有辦法讓用戶變得更聰明、更有能力以及連結性更強。

增強並不是一個容易發揮的原型，主要適用於能創新及提供尖端技

術能力的品牌。對許多人來說，所謂變得更好、連結性更強，往往跟裝置有關。有辦法大力展現出能耐、把人們變得更好的品牌，終將成為人們日常不可或缺的東西，進而嚐到甜美的報酬。

儀式原型

儀式是一種效果強大的原型，適用於消費者會頻繁使用的品牌。頻率顯然有助於打造更強大的連結，使品牌維持在人們腦海裡（和心裡）最深刻的地方。在我們的品牌親密度研究當中，星巴克是速食類別首屈一指的品牌。我們認為該品牌之所以能有如此優異的表現，多半是因為品牌有能力跟顧客建立有意義的情感連結，進而影響了他們的日常行為、味覺和喜好。忠誠的顧客（占所有顧客的 20%）平均一個月造訪星巴克 16 次[89]。

該品牌比速食類別的週平均接觸頻率和日平均接觸頻率高出兩倍多。當消費者把星巴克變成例行的日常活動，渴望會轉變成需求，該品牌的重要性和必要性也會跟著提高。我們認為從打造連結的角度來看，這是最為強大又令人渴望的原型之一，而有幸擁有儀式元素的品牌等於具備了驚人的優勢。

某些特定產業和人們經常會用到的產品，比方說汽車（有鑑於開車頻率之高）、科技（譬如使用 Google 搜尋）、社群媒體品牌（檢查 Facebook 新動態）和信用卡（用 Visa 卡付款），特別愛用這種原型。事實上，據我們推論，非經常性使用（以大多數人來說）或許就是旅遊品牌之所以在我們的研究裡表現不佳的其中一個原因。

儀式原型

例行公事／活動的一部分

根植於我人生的重要一環

不只是習慣性行為

示範品牌：

"

我覺得星巴克的咖啡最好喝，享用星巴克就是我一天的開始。我的心裡有星巴克，它已經是我日常生活不可缺少的一部分。

——日本消費者

星巴克店裡的員工我都認識，也認識不少其他客人……大家都很熟，那裡就像我第二個家，員工和那些顧客就像我家人一樣。

——美國消費者

我喜歡它們店裡的感覺，很享受坐在那裡邊看報紙邊喝咖啡的氣氛，讓我非常放鬆。

——德國消費者

"

R

星巴克的內部裝潢既接地氣又十分舒適，現磨咖啡的香味撲鼻而來，咖啡師說話的聲音和精心挑選的音樂充斥耳間，造就出一種獨特的氣息，不難看出這個品牌想成為人們生活中「第三空間」的雄心壯志。起步雖小，但星巴克不斷努力地把「休息喝咖啡」這件事提升為儀式化的愉悅經驗──放空。

星巴克的咖啡名稱和容量大小唸起來十分特別，強調的是正宗氛圍，率先展現了將一杯咖啡的價值昇華到一種近似於宗教般體驗的能力。隨著星巴克經營成功，各種咖啡店如雨後春筍般冒出，只是沒有哪個品牌比得上這家龍頭老大。

在我們的親密度研究裡，該品牌的儀式原型分數高於產業平均值，在放縱原型上則拿到最高分，而儀式搭配放縱這樣的原型組合堪稱致勝方程式，不但會讓品牌成為消費者的日常習慣，同時又能帶給消費者放縱的感覺。星巴克也善用了「第三空間」的經營重點，進一步在消費者身上開發出能促進親密的儀式化行為。

有鑑於星巴克咖啡的比較成本（comparative costs），該品牌在較低收入及年長的消費族群間的表現竟然更佳，有點出乎意料之外。這表示，當品牌用強大的方式跟顧客建立連結時，成本就不再是決定性條件。

另外，星巴克吸引的消費者以女性高於男性，這點倒不意外。無論

是跟朋友約在這裡見面或是做點工作，還是純粹來這裡重新整頓自己，讓無奈的早上好過一點，星巴克的出類拔萃之處以及它對消費者行為的影響，都少有品牌能與之匹敵。

我們漸漸發現很多品牌試圖深入了解及影響消費者的行為。從品牌在何處與這些行為有交集以及如何產生交集，其實反映了我們在當今行銷領域看到的一些振奮人心的新思維。就拿獨享某些儀式化行為的品牌來說，這些品牌真的竭盡所能的重視與保護該行為嗎？

有鑑於情感在人類決策過程中扮演關鍵角色，人的習慣與行為所建立的自在感和安全感會為品牌造就強大的優勢。所以說，以此原型為圭臬，設法影響消費者做出行為改變的品牌，是否設計了全套體驗，以利出現預期的行為改變呢？你又該如何促進和提升接觸頻率？你是否體認到，這些期望已然升高，需要搭配一定程度的凝聚力與調配力，以致於很有可能難以落實？對於汲汲營營、設法達到如此境界的品牌來說，好消息是只要是跟儀式有強烈關聯之處，多半都可以看到更親密的品牌關係。

懷舊原型

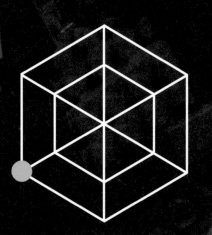

陪我一起長大……

讓我回想起過去

喚醒記憶和與之有關的溫馨感受

示範品牌：

"

LEGO 不只是玩具，它讓我重溫童年時光——在無窮
無盡的想像與探索中遨遊。把亮麗繽紛的積木組成各
式各樣的構造，那種正向積極的感覺會延續一輩子。

——美國消費者

"

懷舊原型

品牌必須承繼一定的流傳度或歷史，才能利用強大的懷舊原型發揮效益。最近有一些研究顯示出，懷舊原型確實可以促進「利社會行為」（prosocial behavior）、提高消費者耐性，是效果卓著的行銷策略[90]。然而，以乏善可陳的做法來吸引消費者目光或強調公司的歷史，只會被視為膚淺又徒勞的庸俗或炒冷飯之作，不管用的是哪個原型都一樣。懷舊原型並不是那種重溫舊事的陽春策略，它必須意有所指，但不濫用素材。如何有效利用此原型，其祕訣就在於全盤掌握潛藏於品牌之中、具有懷舊元素的情感資本，並設法加以運用。

樂高這個品牌善用人們對童年不可抹滅的強大聯想，表現真的十分出色。少有品牌能像樂高一樣把懷舊原型的功效發揮得如此淋漓盡致。在我們 2015 年的親密度研究當中，樂高為名列第一的懷舊品牌（2017 年我們未發布玩具品牌的成績），該品牌不只在懷舊原型上優於娛樂產業平均值，於各個親密階段（即分享、連結和融合階段）的品牌強度表現也高於平均值。

樂高吸引的消費者以男性高於女性，且較高收入水平的消費者又多於較低收入族群。頗為耐人尋味的是，該品牌在 18 到 34 歲年齡層的表現比更高年齡層更強勢，雖然消費族群統計資料指出，最常購

買樂高的族群為 35 到 44 歲[91]。對許多人來說，當孩子體驗到父母兒時創作、重組和重建樂高時的相同感受，樂高品牌的樂趣與懷舊面就會重新誕生。樂高有一些重大合作專案之所以會運用懷舊元素豐富的系列電影，譬如《星際大戰》（*Star Wars*）、《蝙蝠俠》（*Batman*）和《哈利波特》（*Harry Potter*），原因也在於此。父母喜歡把自己小時候很愛的東西介紹給孩子認識，樂高從中獲益不少。

有些已經長大成人的粉絲甚至會購買樂高產品給自己。據公司估計，差不多有 5% 的樂高銷售量都是成人買玩具給自己所貢獻的[92]。該品牌充分發揮懷舊元素的效果，但另一方面又能夠以更精密且性別中立的提供物讓品牌與時俱進，因應當今的市場。樂高也致力於推動品牌與消費者之間的密切互動，給予忠誠顧客更多優惠，並在 YouTube 頻道上強推顧客千變萬化的樂高創作影片。

有鑑於樂高十年前差點破產的窘境，近來樂高的如日中天實屬該品牌難能可貴的巨大成就。2003 年樂高業績跌到谷底，當時公司的營業額掉了 30%，只剩前一年度的七成，銷售營業損失達 2 億 4,000 萬美元[93]。2004 年樂高開始縮減成本，重新聚焦在核心事業上，到了 2006 年，銷售額終於上揚 19%[94]。

就在此時，樂高委託進行各項大數據研究，結果都指出它的產品會因為千禧世代沒耐心或沒時間玩樂高，改玩能立刻獲得滿足感的數

位玩具，進而被這些未來世代拋棄。但是，在做了更多的質化研究之後，樂高團隊發現，遊戲與開發技巧對兒提時期提高「社交身價」（social currency）大有裨益，且樂高就是一種獨一無二的工具，能夠讓各種年齡層的兒童達到目的 [95]。

這便是樂高對很多小朋友而言，不管是在社交還是發展方面都有著重要地位的原因，大概也是如此之多的成人會對品牌與童年之間懷有強烈正面聯想的緣故。樂高賦予孩子發揮創造力的途徑，這種途徑淺顯易掌握，不但激發孩子的探索慾，還能做出真正有形的玩具。

從 2000 年代中期起，樂高品牌強勢復甦。2014 年樂高銷售量提升了 11%，超過 20 億美元，第一次成為有史以來全球最大的玩具製造商 [96]。此大躍進有一部分要歸因於《樂高玩電影》（The LEGO Movie）帶動品牌的成功，更因為該品牌在 2015 年奧斯卡金像獎參一腳而光芒大放。電影主題曲〈一切都很棒〉（Everything is Awesome）播完之後，這部出乎意料受到歡迎的熱門動畫片幕後人員，把樂高小金人遞給大牌巨星，他們看起來都愛死了這些做成跟真正小金人很像的積木獎座。

對該品牌來說，這是非凡的成就，因為不過短短幾年前，這家公司正面臨瓦解邊緣。不過經過重新聚焦，把重心擺在重新調整結構、擴大產品品項、強化品牌形象的教育層面，並進行一連串強大的品牌結盟之後，現在樂高已經重振旗鼓，一躍而起 [97]。事實上，樂高已

經擠下法拉利（Ferrari），奪下 Brand Finance 品牌顧問公司 2015 年「全球最強大品牌」的稱號[98]。

®

放縱原型

個人奢侈品

讓我感到滿足或放縱

味覺、觸覺、視覺、嗅覺或聽覺的饗宴

示範品牌：

SEPHORA

> 只有絲芙蘭的購物經驗能夠療癒我……無論是在線上商店還是實體店面。
>
> ——美國消費者

> 我跟絲芙蘭很親密，它銷售的產品都用我覺得很有意義的方式分類（優美），銷售方法也很特別（高度客製化），給我一整年的奢華與興奮感，又幫我省荷包。
>
> ——美國消費者

放縱原型

在我們的親密度研究中，美妝產品零售商絲芙蘭的表現是一大驚奇。雖然該品牌在美國相對來講算較新的品牌（美國第一家門市於 1998 年開張）[99]，但它的親密分數卻在總排名前 50 之列，為零售類第七名，在放縱原型方面也是該類別第一名。可想而知，該品牌在女性消費者之間評價很高，就年齡介於 25 到 34 歲的女性來說為評比第二高分的零售品牌，通常以年輕且較低收入階層的表現較佳。更驚人的是，該品牌在放縱原型上拿到非常高的分數，超越了其他零售品牌的表現，也完勝健康衛生類的所有品牌。

有些特定的產品和服務跟放縱特別搭（這種情況幾乎適用於每一種原型），比方說食品、美妝品牌或奢侈品品牌就經常使用放縱原型。雖然以象徵地位的影像、巨大商品圖和舞台劇風格的場景是連結到情感層次的常見做法，但未必是最理想的方式。善用放縱元素的品牌應該要找出好辦法，重新賦予這個重要原型新的意義，才能打造出更優質、強烈的情感連結。

走進絲芙蘭，可以看到該品牌以百貨公司美妝專櫃為底，打造焦點式自助體驗的能耐。絲芙蘭把數百個品牌集結在一起（也打造了許多自有品牌），讓女性消費者得以放眼各種美妝保養產品及品牌系

列，找出自己喜歡的品項。它們的門市員工也聲名遠播，除了擅長提供建議與資訊，更是能帶給顧客正面刺激的環境營造高手。最近一項研究指出，90% 女性表示逛絲芙蘭是讓人充滿期待的事情[100]。該品牌在陳列上採取簡單有型的風格，同時又散發著對放縱的禮讚氛圍，給予消費者歡快的經驗，滿足他們對美麗的放縱。

絲芙蘭品牌的力量正是蘊藏於此。它讓消費者有機會跨越產品線，試用多種品牌，以滿足他們對美容的不同需求，所以才能稱霸美妝品牌。

美妝產品品牌這 70 年來，一直用固定不變的行銷手法向美國女性推銷產品。以紐約麥迪遜大道（Madison Avenue）馬首是瞻的那個年代，光是美妝類別就造就了一些最具代表性的廣告。從雅芳的「Avon calling」到惡名昭彰的 Enjoli 香水〔它的廣告歌曲是這樣唱的：「我可以帶培根回家，在空中翻炒，絕對不讓你忘記自己是個男人」（I can bring home the bacon, fry it up in the air and never never let you forget you're a man...）〕，產品跟消費者之間已經建立並保有強大的連結。「我是倩碧女人」或「我只用 MAC 化妝品」這樣的概念已經形成固定行為，而且就傳統上來說，大多數的女性並不會混用和比較美容產品。

也許這就是為什麼 87% 的女性會說絲芙蘭是第一個可以讓她們隨意欣賞美妝產品的地方。絲芙蘭也把它的實體零售店面變成一種目的

地，讓千禧世代和他們的朋友可以把絲芙蘭從購物場所轉化為社交場合[101]。

若是能跟目的導向的行為做好搭配，放縱會變成十分強大的原型。設法把放縱的感覺表達出來，就等於擁有更多機會以增強感官經驗和深化情感連結的方式來讚頌自我，為寵愛自己的感覺和片刻喝采。

模式：品牌親密度的發展階段

人們與品牌建立密切關係的過程分為三個階段，跟人際親密關係的發展十分相似。這些階段可以透露和量測親密品牌關係的深度與強度，跟親密原型相互搭配後，即成為「品牌親密度模式」的基礎。

這三大階段分別為「分享」、「連結」和「融合」，而各階段都以上個階段為發展基礎。一般而言，大部分的品牌在「分享」這個最早的親密階段擁有最多顧客，然後顧客數量會隨著階段的發展愈來愈強烈而逐漸減少。一如人際關係的發展，正面經驗會促成更緊密的關係並增強親密度，負面經驗則會使關係後退，拉回至冷漠那一端。

這三個品牌親密度階段基於幾個原因而具有特殊意義。首先，它們都秉持互惠原則，其他途徑很少重視這種相互關係的概念。從我們所歸納出來的三階段可以清楚看到一個重點，那就是無論在哪個階段都是對等關係，跟人與人之間的良好關係一樣。這表示雙方都在貢獻和增加價值，並非過去習慣的那種品牌或消費者在「推拉」的模式。其二，這三個階段都有一定的強度，因為它們本來就是從已經形成的關係發展而來。也就是說，這三階段的前提是，能到達分享階段的人基本上已經通過了知曉、觀望和偏好這些更早期的階段。由此可見，這三階段屬於進階階段，跟品牌之間的關係很緊密。所以我們常說品牌親密度是一種更高的目標，主要作為測量、培育及增強已存在的連結之用。

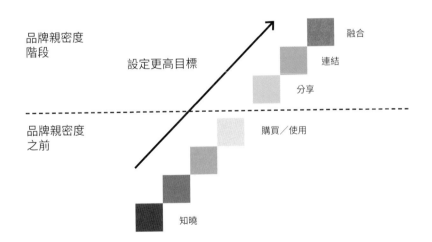

我們在探索品牌親密度與財務表現（請參閱 3-1「價值與收益」）之間的關係時一再證實，消費者跟品牌愈親密，品牌的績效就愈好，行銷投資報酬率（return on marketing investment）也更高。同樣地，從品牌的角度來講，若是與顧客之間的連結更緊密（例如拉高到比分享或連結更緊密的融合階段），績效也會更出色。

品牌親密度三階段有助於構築行銷範疇的兩個端點。在起點這一端，三階段可以用來界定品牌與其利益相關者之間的連結成熟度。接著再透過指標研究，進一步指出品牌所建立的情感連結在何種程度，並按照各階段列出連結度的相對百分比。追蹤各階段的動向及顧客建立親密關係的整體百分比是非常實用的做法，大大有助於品牌在大眾心目中保有鮮明印象，並維持最佳產業表現。至於另一端，三階段則可以用來指明品牌該如何打入市場。它們可以充分發揮效用，讓各通路以關鍵性活動為準，促使利益相關者進入更緊密的分享、連結或融合階段。

雖然品牌親密度的發展有不同階段，但我們的模式所說的「三階段」是為了把消費者和品牌歷經的過程變得更容易理解而設計的。這三階段包含了當品牌關係愈來愈親密時，在情感和理智上會達到的若干新境界。

然而，實際上的發展未必會一如我們的模式所描繪的進程那樣清楚明確又循序漸進。消費者在推進到下一階段之前，或許會卡在兩個

階段之間搖擺不定；各個階段也有可能因為不同的潛在因素，而發展得比其他階段快或慢。消費者也許會基於一些原因從品牌關係中撤退，但後來又因為對該品牌產生更強烈的感覺而回到關係之中。這三階段完全契合關係富有彈性又變化不定的本質，因為它們的設計是以心理學為基礎，再透過我們對消費者所做的量化研究而進一步得到鞏固。

為了清楚展現三階段在建立親密品牌的過程中扮演何種角色，接下來我們要闡述各階段有何差異以及不同品牌的表現。

分享階段

我喜歡公司與顧客互動的感覺，會讓顧客覺得自己很重要。IKEA 就是很好的例子。

——德國消費者

連結階段

我信任耐吉，我覺得它真的懂我。

——日本消費者

融合階段

我超喜歡納貝斯克這個牌子，每次咬下去都讓我覺得納貝斯克也很愛我！它用美味回饋我的愛。

——美國消費者

分享階段

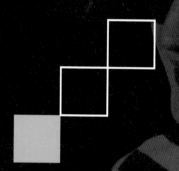

當消費者與品牌雙雙投入並進行互動時，就會出現分享狀態。知識會共享，消費者得知品牌的種種（反之亦然）。在這個階段，吸引力會透過互惠與保證而誕生。

示範品牌：

我們家跟迪士尼這個品牌很有淵源，家裡到處都是公主或華麗的周邊商品。迪士尼所有的東西，我女兒不但如數家珍也超迷的。

——美國消費者

VS.

示範品牌：

NETFLIX

網飛給了我隨選娛樂的管道，它抓得住我，深得我心！

——美國消費者

這是品牌親密度最早的階段，互惠關係就是在此階段建立。知識會共享，消費者得知品牌的種種，反之亦然。在這個階段，吸引力會透過互惠與保證而誕生。艾瑞克森所說那種安全感也會在此階段開始醞釀（請參閱 1-4「了解親密」，探索這位心理學家對親密的定義）。關係若能更進一步，則繼續發展到下一階段，即連結階段。關係若是後退，則極有可能因冷漠感產生而導致疏離。

迪士尼（Disney）和網飛（Netflix）皆以娛樂服務吸引消費者，但兩者切入的方向完全相反。

迪士尼和網飛是娛樂產業數一數二的品牌，雖然兩者的商業模式南轅北轍，但分享方面的表現卻十分相似。迪士尼是最具代表性的電影公司、主題樂園和國際商業巨擘，而網飛是後起新貴，專攻視訊串流服務，是娛樂服務業「數位破壞」（digital disruption）的象徵。47% 的迪士尼用戶跟該品牌有某種形式的親密關係，網飛則有52%。

雖然這兩家公司截然不同，但都透過分享階段強勢建立了親密關係。兩個品牌為了占有一席之地並保有影響力，各自採取不一樣的途徑：迪士尼靠的是它的典型角色、電影和景點，網飛則是利用無所不在的裝置，打造符合個人需求的電影或追劇體驗。迪士尼受益於數十載的品牌經營以及多元化的組合，為家家戶戶和小從嬰兒大至青春期的孩子提供服務；網飛這家超級新星則靠著年輕用戶對行動裝置

● 盧克餐館臨時店

愈來愈依賴並產生習慣性行為而獲益。網飛在我們 2015 年的親密度研究中得到第 25 名，到了 2017 年竄升至第五名，一舉提升 19 名，現在只落後迪士尼兩個名次而已。

然而以目前而言，有鑑於迪士尼訴求廣泛，再加上擁有多元化的用戶而在所屬產業類別占有領導地位，該品牌跟網飛比起來還是略勝一籌。迪士尼的品牌親密度有賴懷舊和認同這兩種強勢原型的加

持——這兩種原型是此代表性品牌的重大資產，畢竟這是一家跟家庭娛樂劃上等號、融合了魔法與歡樂而感性十足的公司。

網飛以挑戰者之姿，用滿足和儀式原型來建構品牌親密度。它透過提供內容及迎合用戶的喜好，創造出流暢的體驗，再把使用服務變成一種儀式，進一步發展關係。它讓消費者能夠以個人步調來消費內容，尤其是以追劇方式（追劇這種行為根本就是網飛發明出來的），這等於創造了一種新天地，看劇不必再等很久，劇裡面的人物對消費者來說變得更真實。只要隨便問一個剛追完劇的人，他一定會告訴你要回到平常那種看劇模式有多困難，往往需要戒斷過程或重返現實世界才行。

娛樂活動和現實世界的虛實不分，可以從網飛為了慶祝《奇異果女孩》（*Gilmore Girls*）15 週年以及重新在網飛上線，而將 200 家咖啡館改造成影集中虛構的聚會場所「盧克餐館」（Luke's Diner）可得知 [102]。它把 Snapcode 二維碼印在 1 萬個咖啡杯上，於期間限定店面免費提供咖啡。只要用 Snapchat 拍下 Snapcode，就能夠免費一小時套用官方贊助的奇異果女孩濾鏡到照片上，結果這個濾鏡獲得高達 88 萬的瀏覽次數。根據 Snapchat 的資料，整個行銷活動一天下來觸及了超過 50 萬的民眾 [103]。這小小的例子透露了端倪，指出如何投入及營造與消費者之間的雙向關係。網飛沒有向消費者索討東西，反倒打造了真實的盧克餐館，讓人們實地去造訪，還送給他

迪士尼		總排名
DISNEP		**2**
		產業排名
		1

⊕ 原型

```
          43
          滿足
  50              35
  放縱            認同

  72              13
  懷舊            增強
          29
          儀式
```

⬚ 階段

融合	13%
連結	14%
分享	20%

Ⓧ Ⓡ 總分

73.1

網飛		總排名
NETFLIX		**5**
		產業排名
		2

⊕ 原型

```
          44
          滿足
  43              21
  放縱            認同

  14              40
  懷舊            增強
          50
          儀式
```

⬚ 階段

融合	5%
連結	17%
分享	30%

Ⓧ Ⓡ 總分

61.2

Ⓡ

迪士尼的「許願」活動

們免費咖啡和馬克杯 [104]。粉絲取得了獨家濾鏡（只有拍下 Snapcode 才能啟用），而這樣的手法又能讓品牌藉由消費者分享照片而觸及更多人。

消費者就是以在分享階段建立看似最強烈的關係，來響應網飛和迪士尼。從我們研究的所有品牌來看，分享是最普遍的狀態。迪士尼是一個成熟又強勢的品牌，在終極的融合階段所擁有的親密顧客也比平均百分比來得高，由此可見，迪士尼也就是靠著在分享階段增加新粉絲的流入，而得以在每個親密階段都掌握了大量顧客，藉此保有其優勢地位。該品牌成功拉攏新客群，又充分利用這些關係，將之發展到融合階段。

迪士尼的 #ShareYourEars 活動，充分說明了該品牌是如何強調分享。為了讓第 10 萬個迪士尼願望成真，同時慶祝迪士尼樂園 60 週年紀念，迪士尼跟喜願基金會（Make-A-Wish Foundation）攜手合作，邀請迪士尼粉絲將自己戴著米奇耳朵的照片上傳到網路並加註 #ShareYourEars。針對所分享的每一張照片，迪士尼承諾捐贈 5 美元給喜願基金會，上限為 100 萬美元。粉絲若捐款 5 美元給喜願基金會，就可以參加抽獎，有機會贏得迪士尼大獎。

這個活動受到空前熱烈的支持，上傳的照片多得不得了。該活動的重點在於如何透過做好事讓顧客與品牌互動，而此案例所用的方法是以迪士尼的經典米奇耳朵來展現消費者的投入，而戴耳朵本身即是一種親密形式（把品牌「戴在」頭上）。這個活動也創造了一種共有價值觀、自豪和信賴感。迪士尼接著又進一步用抽獎遊戲鼓勵消費者，讓他們有機會得到特別的東西。為了讓訴求更圓滿，迪士尼也把捐款額度加倍，以此顯示它的彈性與貼心[105]。

網飛跟迪士尼一樣，該品牌在分享階段擁有大量用戶的優勢。事實上，網飛的分享顧客比迪士尼更多。這表示該品牌有非常多用戶進入親密漏斗（intimacy funnel），跟迪士尼很像。雖說網飛是個新品牌，卻有廣泛的訴求，在連結階段的表現也優於平均值，融合階段的百分比則跟平均值相當，顯示網飛在親密關係的前兩個階段表現較佳。由於網飛在融合階段的顧客較少，因此接下來會如何發展

真是令人好奇。該品牌的前景看來大有可為，因為追劇是一件會上癮的事情，這個特色不但有利於發揮儀式原型的效果，也是強大的親密驅力。

分享是非常關鍵的階段，由於親密感覺會從這個階段開始形成，因此這個階段具有很大的潛力，關係會逐漸發展與增長。分享階段的消費者會對品牌產生信賴感，相信品牌會有穩定的好表現，所以開始對品牌投入情感，彼此間的關係會多一點雙向交流。

近十年來，迪士尼和網飛都加重投資一些領域，以便吸引新顧客的目光並增強與既有顧客之間的連結。2012年網飛開始製作原創內容，時至今日，它已經打造了許多叫好叫座、只在它串流平台上獨播的電視影集和電影，也獲得了不少獎項。網飛對製作內容的執著，可能是為了跟消費者建立更強的連結：現在的消費者十分依賴串流服務，便利性只是原因之一，內容專屬權也極有可能吸引新訂閱者，他們會更急著想看到這些其他地方無法觀看的新影集和電影。

迪士尼本身也做了一些重大投資，最為人知的莫過於 2009 年收購漫威娛樂（Marvel Entertainment）和 2012 年收購盧卡斯影業（Lucas Films），各花了約 40 億美元。現在，迪士尼已經擁有更多世上最經典的系列電影，譬如《星際大戰》和《復仇者聯盟》（The Avengers）。就像網飛一樣，迪士尼積極投資以取得新內容，也正因為是迪士尼，所以才會以漫威娛樂和盧卡斯影業這兩個充滿懷舊

元素的金礦為目標。迪士尼之所以進行這些收購，意不在鞏固既有關係，主要還是為了建立新關係，然而這並不表示既有連結就不會因此而變得更緊密。

Ⓡ

連結階段

當依附感產生且消費者與品牌之間的關係變得更
深入、更堅定時，就會進入連結階段。這是一個
彼此接納、建立信賴感的階段。

示範品牌：

BMW 十分擅長跟消費者建立親密關係……我從 1984 年起開始購買 BMW，我非常信任這個品牌。

——美國消費者

VS.

示範品牌：

梅賽德斯 - 賓士汽車的工程設計讓我從傳統、乏味，有時甚至可以說嚴肅的格調裡跳脫出來。賓士這種經典汽車，在我們的人生中具有舉足輕重的地位。我跟賓士之間的關係屹立不搖，我不會再去開別種廠牌的車。

——德國消費者

Ⓡ

汽車產業所建立的品牌關係在我們研究的 15 個產業當中是最為親密的。對消費者而言，購買汽車和機車是非常重大的事情，購買的過程和決定勢必經過深思熟慮與研究，以符合個人愛好、經濟能力和身分地位。因此，前 20 名最親密的品牌當中幾乎三分之一都是汽車或機車品牌，應該也不是令人意外的事。

從這些數據可以看到，車主跟汽車之間具有緊密連結，且汽車產業擁有強大的連結能力。誠如所料，這個產業的頂級品牌在好幾種原型上都拿到高分。品牌所實現的滿足感（即品牌表現卓越，超乎期待，能提供優質的服務、品質和效益）仍然是最關鍵的因素。

若要從些微不同的視角來看待汽車品牌在滿足方面的重要性，或許就是安全因素了。人在路上開車時必須相信自己所購買的產品運作起來既可靠又值得信賴。汽車品牌必須夠可靠，這一點對進入連結階段來說尤其重要，因為消費者對品牌的信任會在此階段建立起來。消費者得清楚自己可以依靠他們購買的產品，尤其這是跟身家性命有關的事情，如此才能促使他們真正跟品牌產生連結。不管汽車是用買的還是租的，消費者的選擇必然伴隨很多品牌的承諾。消費者會投入大量的金錢和時間來經營他們與汽車之間的關係，這是其他產品比不上的。對汽車品牌而言，連結階段之所以特別關鍵的原因也在於此。為什麼前 20 名進入連結階段比例最高的品牌之中就有五個是汽車廠牌，這不是沒道理的。

BMW	總排名	梅賽德斯	總排名
	9		**56**
	產業排名		產業排名
	2		**9**

⊗ 原型	⊗ 原型

BMW 原型：
滿足 51、認同 36、增強 20、儀式 23、懷舊 24、放縱 55

梅賽德斯 原型：
滿足 41、認同 33、增強 20、儀式 21、懷舊 26、放縱 37

階段		階段	
融合	8%	融合	3%
連結	10%	連結	7%
分享	29%	分享	20%

⊗Ⓡ 總分	⊗Ⓡ 總分
57.4	**32.5**

汽車產業的品牌親密度另一個重要推手就是認同原型。消費者所選擇的東西都是為了彰顯他們的身分，或者更確切的說，是為了充分表達他們對自己的觀感。尤其就奢侈品品牌來講，汽車可以成為一種指標，清楚指出一個人的生活方式、身分地位和價值觀。從汽車的價格、大小、速度、設計、顏色、燃油效率、特殊功能和製造國，就可以透露出車主不少背景。接納和依附感在連結階段來講意義更為重大，善加利用這一點便可精準鎖定那些以身分來認同品牌的消費者。

以下的品牌對照表比較了兩家十分相似的汽車品牌，一個是名列前茅的 BMW（總排名第九），另一個則是梅賽德斯（Mercedes，總排名第 56）。兩家都是德國的豪華車廠，以高品質著稱，在放縱、滿足和認同這三種品牌親密度原型的表現都優於平均值。

不過，BMW 由於在三個階段都有更多用戶跟品牌有某種形式的親密關係（BMW 擁有 47% 的親密用戶，梅賽德斯則有 30%），因此品牌親密度總分比賓士高。顯然 BMW 十分懂得如何跟車主建立情感連結，這又轉化為品牌的養分，使之變得更加強大、親密度更高。另外，就 35 歲（含）以上及收入在 7 萬 5,000 美元（含）以上的族群來看，BMW 連結階段的分數更高。

連結階段是一個消費者與品牌的關係變得更堅定又意義重大的階段，因此 BMW 採取了一項做法，那就是以特殊優惠和獎勵來獎賞

● BMW 終極福利卡

7 系列的顧客，透過給予更多優惠來建立連結。終極福利計畫（The Ultimate Benefits）主打生活層面的好康優惠，把品牌與車主之間的關係延伸到汽車領域之外 [106]。BMW 跟高級品牌合作，為車主提供奢華的體驗。所有 BMW 車主都有權獲得福利，但只有 BMW 7 系列的車主可以獨享奢華及個人專屬的服務。這些福利包括可以入場欣賞知名的運動賽事、旅遊升等和餐廳優先訂位權 [107]。

在此之際，梅賽德斯莫非迷失了？該品牌與克萊斯勒（Chrysler）分離之後，為了爭取年輕一輩的青睞，大刀闊斧改造顢頇的形象和汽

車設計，也算是向前邁進了一大步。然而，梅賽德斯還是與 2016 年前百大品牌失之交臂 [108]。儘管銷量和業績似乎有所改善，但品牌本身跟過去相比卻未見創新或提升。雖然梅賽德斯在年輕消費族群的表現優於較年長客群，但 BMW 在各年齡層的表現仍勝過梅賽德斯。年齡層較高的用戶（即 35 至 64 歲之間）偏愛 BMW，而梅賽德斯的男性消費者則高於女性。汽車品牌似乎都在中等收入階級及年長成人層面表現最佳，對於收入水準在最高和最低的階層，汽車品牌常見的親密勢力會縮減。這表示品牌需要最廣泛的消費客層樣本來守住地位與一定的水準，才能維持整體訴求。

梅賽德斯想到一個聰明的辦法，它組織培育了「美國梅賽德斯 - 賓士俱樂部」（Mercedes-Benz Club of America，簡稱 MBCA），這是一個有 3 萬名熱愛梅賽德斯 - 賓士的車友加入的社群，這些車友也極有可能是連結階段的消費者 [109]。該俱樂部雖然並非附屬於美國梅賽德斯 - 賓士公司（Mercedes-Benz USA，簡稱 MBUSA）或戴姆勒 -

● 美國梅賽德斯 - 賓士俱樂部

賓士公司（Daimler-Benz AG）的組織，但深得 MBUSA 的支持[110]。
此社群針對每一種車款的梅賽德斯用戶，提供了各種討論區和論壇，
比方說 Women on Wheels、Young Guns、Gullwing、SLS 和 AMG
等等。

俱樂部鼓勵車友們共襄盛舉參加集會和新車試駕發表會。MBUSA 的
技術顧問群、車手、維修技師和工程師會就梅賽德斯 - 賓士汽車保養
維修的各種相關主題，跟其他成員分享資訊。此舉又會進一步跟其
他志同道合的車友發展出更緊密的關係、溝通和品牌經驗。

梅賽德斯和 BMW 這兩個品牌雖然都致力於成為信任的代名詞，但在
探討汽車品牌的親密階段時，務必要好好斟酌安全問題。想想那些
重大的品牌召回事件或是汽車可能會出現的安全疑慮：從豐田汽車
（Toyota）問題車事件，乃至於福斯汽車（Volkswagen）出包的窘
境，不管是安全問題還是產品召回都會大大衝擊消費者信心。品牌
親密度不但難以達成，也不容易維持。品牌親密度就像人與人之間
的連結一樣，需要持續不斷的努力與經營。一旦發生醜聞和災難事
件，尤其是涉及到安全方面，一夕之間就能毀掉連結階段的典型特
徵──信任與保證。

梅賽德斯和 BMW 雖然都有分享、連結和融合階段的親密顧客，但值
得注意的是，BMW 在三個階段的表現均優於梅賽德斯，也擁有較多
的親密顧客。我們之所以選擇比較這兩個品牌，是因為兩者所建立

的連結強度都能反映出產品和業績的歷久不墜、穩固及難以動搖的卓越表現，而這種親密水準從連結階段看得最清楚。有鑑於分享是最為普遍的狀態，同時也是親密關係最早的階段，而融合階段相對來講較為稀少，反映的是較少消費者會到達的親密水準，因此連結階段基本上就是品牌親密度的頂峰，擁有最大量的消費者。BMW 和梅賽德斯都是具有強烈連結的親密品牌，這彰顯出兩者皆有能力與顧客建立緊密且強大的關係。

我們發現，最近有很多汽車品牌跟高度專業的小眾品牌攜手合作，讓自己在已經飽和又殺紅眼的豪華車市場中脫穎而出，這些小眾品牌的威力甚至不輸我們親密度研究裡的汽車品牌。這種異業結盟試圖結合高品質和稀有性，也就是以某種特別訂製但沒有多少人知道的東西來吸引消費者，高端買家尤其愛吃這一套。中階豪華車款也看得到小眾品牌的身影。富豪汽車（Volvo）就跟瑞典水晶工藝公司 Orrefors 簽約合作，為旗下的 XC90 休旅車以及 2016 年推出的 S90 轎車設計了水晶玻璃排檔桿。水晶製的排檔頭還刻上了水晶品牌的名字及「瑞典」字樣，向車廠皆樂於展現的民族自豪致敬。跟開發全新途徑的高成本比起來，聰明地跟小品牌合作反而更能有效率的轉換或增強消費者對汽車製造商的認知，或是提供消費者更加獨特又限量的物品 [111]。

科技的日新月異大幅促進汽車產業的發展，再加上汽車共享和自駕

車興起的浪潮，每一家車廠無不受到影響，因此就長期而言，打造更加親密的品牌或許才是汽車品牌的根本之道。這番道理尤其適用於千禧世代的消費者，因為他們更樂於接受自駕車及汽車共享服務，如果成本增加或是能減少對環境的負擔，他們願意放棄擁有汽車的可能性是老一輩的三倍 [112]。

融合階段

當消費者跟品牌難分難捨又身為共同體時，就會進入融合階段。消費者和品牌的認同會在此階段逐漸合併，形成相互了解與表達的關係。

示範品牌：

Coca-Cola

可口可樂品質優，廣告和曝光都會讓我繼續固定購買
它的產品。我的人生已經離不開可口可樂。

——美國消費者

VS.

示範品牌：

哈雷讓我渾身是勁！它是我身分的一部分。我超愛
哈雷那種自由不羈的感覺和叛逆的精神，我已經跟
這個品牌合而為一了。

——德國消費者

對品牌和消費者來說，最夢寐以求又最強大的就是珍貴稀有的融合階段了。

過去的品牌總是忙著培養忠誠顧客——就像必恭必敬的僕從繞著品牌打轉，彷彿無人機隊一般。大家應該都知道，如今局勢已然改變，現在的消費者對品牌的生死握有更大的影響力和衝擊。然而，當前有很多品牌即使不怎麼討人喜歡，也還是成功了。想想看那些從難以脫身的忠誠獲益的品牌，消費者之所以固定使用這些品牌的產品，是因為他們改不了或是還找不到好理由來承受轉換所帶來的痛苦。公共事業公司、電信公司、有線電視業者以及過去的獨占事業體，都是擁有這種難以脫身的利益相關者的典型品牌。

這麼說來，假如忠誠度並不是品牌表現最該著重的目標，又該把眼光放在何處呢？

融合階段是親密關係的終極階段，品牌在此階段屬於消費者個性與價值觀的延伸。當消費者跟品牌難分難捨又身為共同體時，就會進入融合階段。這是一個威力強大的階段，以品牌和消費者到達此境界會產生的潛能來講更是意義非凡。哈雷（Harley Davidson）正是融合比例最高的品牌之一。這個品牌之所以能成功打造親密關係，是基於該品牌的產品不只是機車，同時也是一種以情感依附和自豪為精髓的生活方式，這個基礎不管是對消費者還是員工來說都是適用的。顧客不只是購買產品或商品而已，他們會把品牌的標誌刺在身

上，還會參加集會和公司贊助的活動。公司利用人們對哈雷那股強烈的連結，創立了「哈雷車友會」（The Harley Owners Group），這個組織專門贊助集會、提供特價促銷，讓哈雷車友拉近彼此以及跟公司之間的距離。如今，這個車友會已經擁有 36 萬 5,000 多名會員，分屬世界各地的 940 個分會[113]。該組織會捐款給車友會認同的慈善團體，使會員和品牌得以創造一個共享利益和活動的社群。哈雷也開始製作更多傳統廣告並投入社會公益，藉此擴大客群。不過話說回來，哈雷最大的成功之處，始終都是該品牌透過各種活動和商品將情感依附轉化為集結愛好者的強大社群的能耐。

在品牌親密度關係當中，我們著眼的是品牌與消費者之間所形成的

⬤ 哈雷車友會

連結，同時我們也認為，品牌親密度的三個階段對品牌與用戶來說都是互惠與回報程度更高的場域。當雙方成為同一枚硬幣的兩面，彼此便融合了，這也是共同體最動人的極致境界。在這強大的階段裡，品牌和用戶幾乎合而為一，從價值觀、品味和表現來講都趨於一致。進入融合階段的品牌，其消費者、員工和利益相關者便是該品牌最大的代言人。此階段的品牌會實現忠誠用戶的需求與渴望，進而產生相輔相成、互惠且無可動搖的連結。我們認為，進入融合階段是一種更理想的忠誠形式，即品牌另一種嶄新又夢寐以求的終極狀態。

再舉一個例子。健怡可樂（Diet Coke）先精選 50 多則粉絲 Twitter 推文，再把這些推文轉變成真實且美麗的視覺呈現。它跟插畫師、畫家、雕刻師和平面設計師合作，打造了雜誌廣告、蛋糕、招牌、服裝、珠寶和其他東西，使用的素材都來自最熱情的粉絲所寫的示

愛推文。健怡可樂以社群媒體跟鐵粉互動數年之後，覺得是時候用大器又實際的做法來回報消費者的熱情，此舉再度激發互惠關係以及彼此是共同體的感受[114、115]。

可口可樂和哈雷雙雙展現了融合的好處。這兩個最具代表性又經典的品牌，已經發光發熱數十載，擁有強大又忠實的追隨者，也都能落實情感連結，從深化與消費者之間的連結得到很多回報。

可口可樂在我們的親密度研究總排名第 23、總分 46.2，融合消費者的比例為產業平均值的兩倍，不愧是經過幾個世代所建立的連結，該品牌的地位也不言而喻。

更讓人驚訝的是，可口可樂看起來主要是以懷舊和儀式原型的組合來建立這些超強的連結——懷舊和儀式皆為情感豐富又根深柢固的原型，能激發消費者的行為。可口可樂推出不少膾炙人口的廣告，從「我想請全世界喝可樂」（I'd like to buy the world a Coke）到動人的「壞脾氣的喬格林」（Mean Joe Greene）廣告，對那些數十年不曾忘記這些廣告的消費者來說，這個品牌一直努力成為美國文化的代言人，彰顯簡簡單單就能享受美好片刻的精神。

可口可樂無論在男性還是女性消費者亦或是各個收入階層，表現都一樣好，該品牌的強度由此可見。唯一稍微要擔心的信號是，可口可樂在較年長消費者的表現比年輕族群好，這意味著該品牌或許應

該尋找更好的辦法來拉攏千禧世代。在被問及是否願意多付兩成價格購買可口可樂的產品時，17% 的消費者表示願意，價格彈性多出該類別平均值 6%。

一如我們的預料，哈雷領先所有汽車品牌，在融合消費者方面以 14% 拿下所有品牌的第二名，比汽車類別的產業平均值的兩倍還高（如前文所述，汽車類別在前十名最親密品牌中囊括了三分之一）。這是一個充滿情感、與消費者建立緊密連結的品牌所創造的重大表現。

哈雷的展翅高飛正是得益於跟共同體息息相關的融合親密階段，這一點應該不會有人覺得意外。該品牌最具代表性的機車是車主生活風格不可或缺的一部分，而品牌名稱也已經跟皮外套、頭巾和翹八字鬍劃上了優美的等號。哈雷的顧客不只是愛品牌而已，他們也成為品牌，融入到品牌經典的樣貌裡，就連身邊也都是志同道合的車友。哈雷機車的車主想必比其他品牌的顧客更樂於跟品牌相濡以沫。

在我們的排名當中，少有品牌能像哈雷一樣，在六個原型都拿下好表現。哈雷只有其中一個原型沒能得到高分，即增強原型，那是因為增強對哈雷用戶來說並不是那麼切身有關。六個原型搭配出超強效果，共同驅策品牌以及品牌所建立的連結向前推進。

哈雷在男性消費者的表現最搶眼，於 35 歲（含）以上的族群也排名

品牌對照表

哈雷	總排名 **4**	可口可樂	總排名 **23**
HARLEY-DAVIDSON MOTOR COMPANY	產業排名 **1**	Coca-Cola	產業排名 **1**

⊗ 原型

43 滿足 / 42 認同 / 20 增強 / 29 儀式 / 49 懷舊 / 50 放縱	22 滿足 / 16 認同 / 22 增強 / 36 儀式 / 57 懷舊 / 45 放縱

⟐ 階段

融合	14%		融合	4%
連結	9%		連結	11%
分享	15%		分享	26%

ⓧⓡ 總分

64.8	**46.2**

最高，在各收入階層的表現則均優。至於經濟公平方面，18% 的融合消費者表示願意多付兩成價格購買哈雷產品。哈雷跟可口可樂一樣，在較年長消費群的表現更佳，這一點就長遠來看可能不利品牌，畢竟千禧世代現在是美國最大的消費客層。

然而，哈雷不怯戰。它最近發表了一些車款，譬如「Project LiveWire」專案的電動機車原型，目標正是鎖定千禧世代這個年輕客層。這些車款比傳統的哈雷更便宜、更小型又更精簡，因為公司體認到千禧世代有別於上一輩，他們重視簡約和設計更勝於身分地位及速度[116]。

哈雷也利用「Roll Your Own」宣傳活動頌揚個人色彩，又藉機挑戰典型哈雷車主的刻板形象，設法擴展基礎顧客。另外，品牌也展現了自身最近對國際銷售的重視。舉個例子來說，巴西哈雷（Brazilian Harley）經銷商每週六早上會提供顧客糕點和濃縮咖啡，打造社區意識，向它的顧客表達歡迎與尊敬之意[117]。哈雷品牌所做的這些額外舉措，就是在向新車主招手，而這些新車主正是數百萬忠誠的嬰兒潮基礎顧客的下一代。

模式：品牌親密度總分

品牌親密度總分是我們量化研究所得的結果，此模式會在總分這個環節達到最高潮。每個品牌都會得到一個總分，指出該品牌的表現。總分是一種複合式指標（composite measure），可反映消費者與品牌之間的關係強度，以及品牌的流行度（即使用率）。總分愈高，表示跟品牌之間的情感關係愈強。從總分很容易做比較對照，也方便檢討競爭品牌的成績，以及品牌前一年度的表現。

我們的品牌親密度研究所評估的品牌，都會得到一個最高為 100 分的總分。這個分數是根據品牌所擁有的親密用戶數量，以及消費者對該品牌所具有的親密關係種類來計算的（例如分享、連結或融

合）。根據品牌在六大原型的表現，每個品牌會得到一個「關係強度」分數。此分數為複合式指標，會斟酌親密關係在各個階段所擁有的消費者百分比（冷漠、分享、連結、融合）來計算。各個親密階段都會透過結構方程模型取得權值，融合階段所得到的權值在整體的關係強度分數上占最重，冷漠階段的權值則最小。

值得注意的是，總分不只是拿來看品牌表現的排名，它的專門用途是為行銷人員提供規範性方針。我們用資料建立模型，把促成親密的機制加以量化，歸納出一份指南，讓行銷人員深入了解應該善用哪些層面來建立品牌與消費者之間的親密關係。

品牌親密度模式獨特的原因

我們的模式是根據人類的行為與建立關係的方式打造而成。這種以神經科學、心理學和行為科學方面的新知所開發的途徑，能夠模擬及反映人們處理資訊及做決定的方式。此模式並非那種矯揉造作的行銷概念或行為表現，而是以人們跟產品或服務到達親密境界的過程中會歷經的幾個代表性階段為基礎。

品牌親密度會造就互惠且意義重大的關係，這種關係又會促進業績增長、獲利空間更大和更高的定價許可。公司必須以宏觀的視角來看待品牌管理，才有利於親密關係的形成。換句話說，公司的所作

所為，包括做事的方式在內，都會產生影響。每一個環節皆不容小
覷，都能拉近顧客和品牌之間的關係，但也有可能在一些小地方栽
了跟斗，最終導致關係結束。除了行銷必須發揮應有職能之外，這
些環節還涉及到產品表現、IT、顧客服務和營運。因此，我們的途徑
必須全盤檢驗品牌的所有利益相關者會對結果產生何種作用。

品牌親密度模式是一種以互惠為基礎的雙向模式。這一點之所以重
要，是因為此模式的焦點正是消費者與品牌在每一個交流階段的互
動關係。我們著眼的不只是消費者的行為方式，也分析品牌如何表
現，如此我們才能提供建議，告訴品牌該採取哪些措施來提升親密
度。親密畢竟是一種會演變的狀態，需要澆灌與培育，並非一開始
就能達到的境界。其他的行銷模式或許會指出品牌有知名度或考慮
觀望的問題，但往往不會點出「原因何在」。我們對親密狀態的執著，
其實就是用更深刻的方式不斷地重新改造和勾勒人們與品牌之間的
關係。

品牌親密度模式中的親密和冷漠所具有的作用力，顯然跟其他大多
數的品牌塑造概念有很大的不同。品牌塑造過程中的任何階段都有
可能發生負面狀況，若真的出現這種不利之處，顧客就會處於風險
當中，然而其他模式卻未能真正掌握這個淺顯易懂的事實。我們身
為品牌的塑造者，有必要體認到我們其實可以做一些防範來避開這
些讓品牌掉進深淵的絆腳石，也可以設法降低傷害，重新建立關係。

◗ 品牌親密度模式

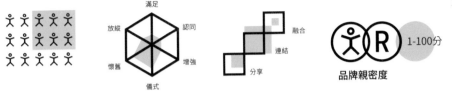

滿足
放縱　認同
懷舊　增強
儀式

融合
連結
分享

品牌親密度　1-100分

我們用這套模式得出一系列特殊的排名，藉此評估消費者與品牌之間的情感關係。從這些排名當中，可以了解哪些產業最有可能到達親密境界，哪些產業則險阻重重，同時又能思考性別、年齡和收入水平跟品牌之間的關係，而且方便比較對照競爭品牌或表現類似的品牌。透過這些豐富的洞見，便可用新視角探索既定品牌，並有助於理解破壞式創新品牌和崛起新貴成功的祕訣。

2—6

模式：排名

在我們汲汲營營、設法深入了解品牌親密度，探索它如何發揮效果、為何發揮不了效果，又如何才能培養親密的這段旅程中，洞見就是我們手上最有用的工具。據我們所知，我們所做的量化研究是目前為止最全面、以情感為取向的品牌排名，對我們的整套途徑具有架構及驗證的作用，其目標在於以基準化分析來檢視情感會對品牌關

品牌親密度

15 種產業

12,000 位消費者

3 個國家

400 個品牌

100,000 筆品牌評價

係產生何種影響，並進一步指出哪些品牌最擅長打造這種親密連結。從更深入的視角來分析這些排名，又能透露哪些產業和品牌與顧客之間成功建立了強大的連結。

另外，排名也會從年齡、性別與收入等層面切入，指明表現最佳的產業或品牌，並點出差異之處。我們雖然知道各種客層都會出現品牌親密度，但釐清其中的差別在哪裡、深入了解連結的形成如何受到各種因素的影響，可以從中得到十分有用的情報。

下頁的「前十大最親密品牌」排名列出的正是表現最強勢的親密品牌。

在美國前十大最親密品牌的排名中可以看到，蘋果奪下第一名，跟該品牌在大部分的調查研究中拿到的表現一樣，可見蘋果在科技領域呼風喚雨的地位。值得玩味的是，第七名的三星為蘋果之外唯一一家進入前十名的科技品牌。前十名當中又有三個品牌來自汽車產業，凸顯了該產業在打造品牌與消費者之間的親密感上頗具潛能。另外，兩個性質截然不同的零售品牌也進入了前十名，一個是承諾供給最廣泛商品品項的線上市集亞馬遜，另一個則是被亞馬遜併購的全食超市，這家高級的實體超市標榜提供新鮮食品給有此需求的消費者。以重視觀眾著稱的娛樂企業集團迪士尼和串流服務創新公司網飛，這兩個各有特色的娛樂品牌也入榜，讓這份前十大名單更臻完美。

從圖表可以看到，排名最高的品牌蘋果總分 77 分。這個數字看起來似乎不怎麼高，尤其是從整份清單來看時會發現，像是第十名的豐

⬤ 2017 年美國前十大最親密品牌

名次	品牌	ⓧⓇ 總分
#1	🍎	↑ 77.0
↑ #2	Disney	↑ 73.1
↑ #3	amazon	↑ 71.0
↑ #4	HARLEY-DAVIDSON	↑ 64.8
↑ #5	NETFLIX	↑ 61.2
↑ #6	Nintendo	↑ 59.6
↑ #7	SAMSUNG	59.0
#8	WHOLE FOODS	↓ 58.8
↓ #9	BMW	↓ 57.4
↓ #10	TOYOTA	↓ 56.6

↑ 表示比 2015 年的總分高
↓ 表示比 2015 年的總分低

田汽車總分就有 56.6 分。我們認為之所以會有這種現象，是因為品牌親密度是一種新途徑，行銷人員並未刻意去努力發展這種途徑。另外，誠如前文所述，不是所有消費者都跟自己使用的品牌有親密關係，現在真正跟品牌很親密的消費者其實很有可能只在少數，所以除非品牌直接從行銷策略上開刀、做大幅改造，否則我們不認為品牌有機會拿到 100 分。

產業

我們總共調查了 15 種產業，其中汽車業的表現最搶眼，該產業的品牌親密度總分平均為 44.5（相對來講，15 種產業的平均總分只有28.7）。汽車業有這種好表現自不在話下，畢竟人們與汽機車之間的關係十分親近，這個產業又含有令人心生嚮往的本質。第二搶眼的是媒體娛樂業，凸顯近來的消費者有尋求慰藉和放空的需求。零售業的表現位居第三，其中尤以亞馬遜最為出色。科技電信業第四名，再次顯示這些品牌在人們生活中的重要地位。保險投資業分數則偏低，而比較讓人意外的是，奢侈品產業倒數第二名，表示高價品牌的表現未能一如預期建立情感連結。旅遊業敬陪末座，該產業的平均總分為 14.7。這大概是旅遊業的複雜度提高再加上商品化的促銷活動，降低了該產業對美國消費者的吸引力所致，不過無論如何，這些指標確實透露出一些端倪，即特定產業在與顧客發展親密關係時會碰到比較多的難關。

雖然某些品牌在多種原型及各親密階段都有搶眼表現，不過其中有一些比較獨特的例子值得討論。比方說，某品牌可能「專屬」於特定原型，因而能夠擄獲消費者的心，又或者某品牌擁有高比例的分

各產業的品牌親密總分平均值

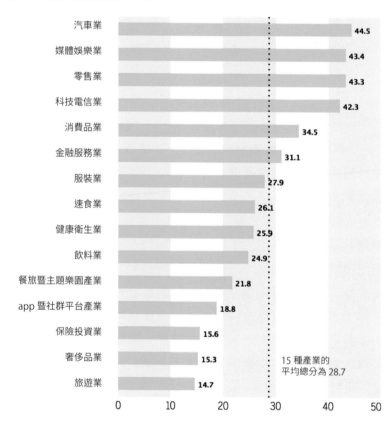

產業	總分
汽車業	44.5
媒體娛樂業	43.4
零售業	43.3
科技電信業	42.3
消費品業	34.5
金融服務業	31.1
服裝業	27.9
速食業	26.1
健康衛生業	25.9
飲料業	24.9
餐旅暨主題樂園產業	21.8
app 暨社群平台產業	18.8
保險投資業	15.6
奢侈品業	15.3
旅遊業	14.7

15 種產業的
平均總分為 28.7

享、連結或融合顧客，令人刮目相看。以下列舉幾個特別有意思的品牌親密度案例。

	蘋果不但奪下總排名寶座，在好幾個考量點上也都獲得最高分，彰顯出該品牌的主宰地位。從原型來看，蘋果的增強（把 Google 擠了下來）、儀式和認同原型分數最高，在「不能沒有它」評比也攻占第一名，這個項目意味著消費者沒有該品牌可能會活不下去。就使用頻率來說蘋果也是最高分（第二高分為 Facebook）。
Disney	迪士尼總排名第二，該品牌的懷舊原型分數最高，主攻往昔美好回憶以及聯想到這些回憶時會出現的強烈溫馨感。
TOYOTA	豐田汽車總排名第十，滿足原型分數為第一名，跟我們 2015 年的親密度研究結果一樣。豐田之所以有此亮眼的表現，跟該品牌能夠超越期待，在服務、品牌與效益上都有超越水準的表現息息相關。
HERSHEY'S	巧克力製造商好時（Hershey）被視為最放縱的品牌，以放縱和滿足的片刻為訴求。
NETFLIX (Nintendo)	蘋果擁有最大比例的融合顧客，超過 2016 年親密度研究的第一名品牌哈雷。網飛擁有最大比例的連結顧客，而任天堂（Nintendo）則有最大比例的分享顧客。
NETFLIX	網飛有如創新版亞馬遜，其 2017 年的表現顯示該品牌已經躍升為數一數二的親密品牌，是影響力十足的重大勢力。
amazon	值得留意的是，亞馬遜和蘋果在各年齡層和收入水準的表現都比大多數公司來得更強。
SAMSUNG	有些人認為三星即「窮人」的蘋果，該品牌在年收入 35,000 至 49,999 美元的收入階層表現排名第二。

Ⓡ

其中的信號為何？

消費族群

從年齡來審視親密品牌可以得出很多寶貴的洞見。蘋果和亞馬遜在所有年齡層的表現皆佳，顯示兩者從千禧世代到年長的成人都深具影響力。網飛只有在 18 至 34 歲年齡層的表現擠進排名名單當中，零售商目標百貨（Target）則最受 35 至 44 歲年齡層歡迎，哈雷和全食超市在 45 至 64 歲年齡層表現最好，顯示各年齡層有其特定的偏好。媒體娛樂業占了 18 至 34 歲年齡層最親密品牌名單的一半，而 35 至 44 歲及 45 至 64 歲年齡層最親密的前四名品牌當中就有兩個是零售業。有趣的是，18 至 34 歲及 35 至 44 歲這兩個年齡層的

◖ 各年齡層親密品牌名次一覽

名次	18 至 34 歲	35 至 44 歲	45 至 64 歲
#1	Disney	Apple	Apple
#2	amazon	amazon	Harley-Davidson
#3	NETFLIX	Disney	WHOLE FOODS
#4	Apple	Target	amazon

親密品牌名單十分相似，四個品牌裡就有三個是一樣的（即蘋果、亞馬遜和迪士尼），只是名次不同。

這裡有一個地方值得注意，35 歲以下的消費者顯示更容易與品牌發展親密關係，看起來也更樂於探索這些關係，在分享階段的比例較高。然而就整體看來，連結和融合的比例基本上是一樣的，意味的是消費者與品牌建立及維持親密關係並不會受到年齡因素的左右。

● 各年齡層在親密階段的比例

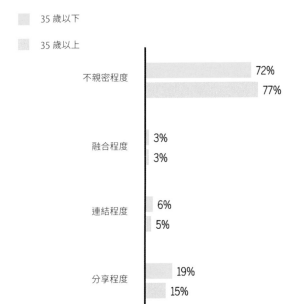

■ 35 歲以下

■ 35 歲以上

不親密程度　72%　77%

融合程度　3%　3%

連結程度　6%　5%

分享程度　19%　15%

性別

從性別也能看出一些特別有意思的的洞見。雖然男性與女性跟品牌之間的親密度整體而言都差不多，但兩性所認同的品牌卻有所不同。跟男性比起來，女性連結的通常是更廣泛又較為成熟穩定的品牌，喜歡跟生活方式有關或具實用價值的品牌。

從女性的前五名品牌可以看到很有意思的品牌分布，即女性特別喜歡跟日常生活有關的品牌：前五名品牌當中有兩個為娛樂品牌，兩個為零售品牌。至於男性方面，前五個最親密的品牌當中就有兩個是汽車品牌。女性最愛的兩個娛樂品牌分別是迪士尼和網飛，男性

兩性偏好的品牌

則最愛任天堂。亞馬遜和蘋果都在兩性的前五名名單中。尼爾森公司的一項研究指出，女性最信任的品牌都跟便利性或家庭有關，而男性最信任的品牌則偏向放縱型品牌（這一點似乎也跟品牌親密度的新發現有某種程度的呼應）[118]。

整體來說，男性與女性的親密品牌所歸屬的原型十分類似，但其中還是有一些差別。當品牌融入日常活動，在某人生活中占有舉足輕重的地位，進而形成一種儀式時，對女性產生的影響會更深遠，尤其是指金融服務業、零售業、消費品業、健康衛生業、app 暨社

⬤◯ 兩性的最親密品牌

女性前五名品牌　　　　男性前五名品牌

群平台產業、速食業以及保險投資業等類別的品牌。換句話說，跟男性比起來，重複使用品牌到不可或缺的地步對女性而言，是更為重要的親密指標。這也跟「解碼女性消費者和品牌忠誠度關係」（Decoding the Female Consumer & Brand Loyalty）研究的結果相互呼應。該研究觀察發現，品牌若具有明確又切身的目的，且以女性個人興趣及價值觀為準，則其地位有時反而高於砸重金行銷的品牌[119]。不過，也不是所有東西都得實用才行，放縱原型講求的是縱容與滿足感，以此為原型的品牌在女性方面的整體表現來講也比男性強。

● 兩性前五名品牌對照

18 至 34 歲女性	18 至 34 歲男性
Disney	Nintendo
(Apple)	PlayStation
amazon	Xbox
NETFLIX	Harley-Davidson
Target	BMW

把 18 至 34 歲的女性跟同年齡層男性相比（請見左圖「兩性前五名品牌對照」），可以看到更明顯的區別。零售與娛樂（迪士尼和網飛）品牌主宰年輕女性族群，以相同年齡層的男性而言，則由娛樂品牌（尤其是遊戲類）稱霸（不過汽車業仍然占有一席之地）。汽車品牌則完全不見於同年齡層的女性。如前所述，女性在較為實用的日常品牌上表現最佳，即女性賴以溝通（蘋果）、方便購物（亞馬遜）、日常採買（目標百貨）以及讓自己跳脫放空（譬如迪士尼和網飛）的品牌。男性則大多著重在遊戲類品牌，或許也是為了跳脫與尋找慰藉，只是選擇的娛樂項目與女性不同。

收入

從我們的觀察所得可以看到收入對品牌親密度和消費者情感有何影響力呢？收入增加時，汽車、科技電信和零售業建立情感關係的可能性也隨之提升。

以收入來分析親密品牌，可以看到很多差異點。唯一在年收入 3 萬 5,000 至 5 萬美元和 10 萬至 15 萬美元這兩個階層都進入前五名的品牌就是亞馬遜（妙的是該品牌在這兩個收入階層都拿到第三名）。娛樂品牌則穩居這兩個階層的第一名，科技品牌第二，零售第三。這幾種品牌類別的排名在很多評比中大致相同，但未必都是一樣的品牌出線。蘋果是較高收入族群的科技品牌首選，三星則在年收入 3 萬 5,000 至 5 萬美元的族群中較為吃香。PlayStation 也在此族群名

®

列第一，網飛也進入前幾名，而迪士尼則受到年收入 10 萬至 15 萬
美元階層的偏好。以 10 萬至 15 萬美元的收入階層而言，汽車品牌
福特（Ford）也在前五名之列。

各收入階層最親密品牌一覽

名次	3 萬 5,000 至 5 萬美元	10 萬至 15 萬美元
#1	PlayStation	Disney
#2	SAMSUNG	Apple
#3	amazon	amazon
#4	Microsoft	Ford
#5	NETFLIX	Target

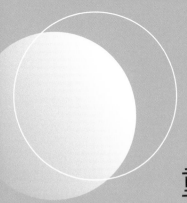

重點摘要

- 品牌親密度模式以大規模的消費者研究為基礎，包含四大要素：具有強烈情感連結的用戶、六個原型、三個階段以及品牌親密度總分。

- 成功的親密品牌會善用多達六個品牌原型來創造強大連結。

- 品牌親密度階段指出品牌與消費者之間的關係強度。階段愈高，收益就愈大（或績效就愈好）。

- 從高排名的親密品牌可以洞察親密表現出色的品牌以及原因何在。從年齡、性別和收入來看品牌排名，又能更進一步了解各個消費族群建立連結的方式。

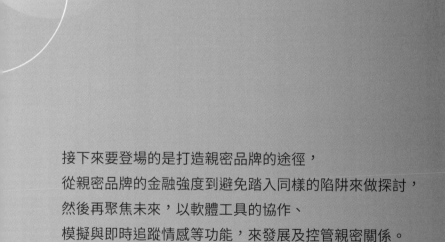

接下來要登場的是打造親密品牌的途徑，
從親密品牌的金融強度到避免踏入同樣的陷阱來做探討，
然後再聚焦未來，以軟體工具的協作、
模擬與即時追蹤情感等功能，來發展及控管親密關係。

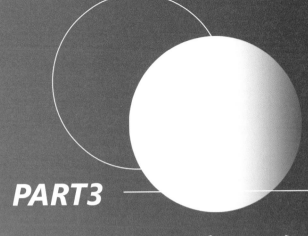

PART3

方法與實務

METHODS & PRACTICE

價值與收益

品牌若是與顧客之間有更強大的連結，是否能帶動更出色的商業表現？答案絕對是肯定的！

愈來愈多公司另闢蹊徑，尋求成長。從過去十年來可以看到，供應鏈和營運不斷經過優化，變得十分精實。透過併購所造就的成長有其固有的盤根錯節與挑戰，以創新和新產品開發這類途徑激發成長，則彷彿像登天一般的難。於此同時，公司高管和利益相關者卻忽視了各種善用品牌及其龐大潛力的方法。

我們認為針對今日的複雜性而設計的品牌，才有辦法培養跟顧客之間的情感連結。現在我們也知道，**這種連結能為親密品牌帶來重大商**

業利益。

首先我們先蒐集「品牌親密度排名」、標準普爾 500 指數（Standard & Poor's 500）和《財富》雜誌全球 500 大（Fortune 500）中前十大公司所公布的財務資料。接著我們的團隊再針對每一個品牌，彙整它們 2005 至 2015 年年度財報和（或）10-K 年報裡所列出的收入及損益資料，主要是為了評估哪些品牌於年度和某段期間內的收入及獲利方面表現最佳。我們將分析所得到的結果摘要如下。

業績更長紅

親密品牌帶動巨大價值，展現績效長紅，表現會隨著時間過去而更顯突出。過去十年來，最親密品牌的收益是標準普爾的將近兩倍，也是《財富》雜誌全球 500 大的將近三倍。

要特別留意的一點是，圖中的百分比差距在換算為美元之後，對大公司來說是非常龐大的差額。以蘋果為例，哪怕只有微小的 1% 的獲利優勢，換算後卻等於增加 8 億 4,300 萬美元（以 2016 年的季盈餘來計算）[120]。

這份資料也可以計算十年來在收益及獲利的平均逐年成長率。

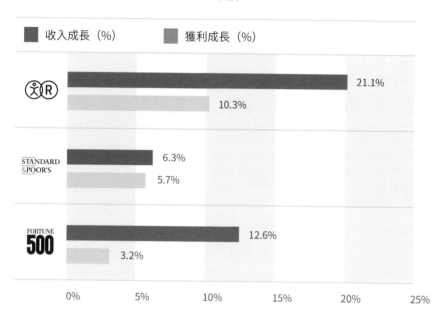

2005 至 2015 年品牌的成長與長紅業績

■ 收入成長（%）　■ 獲利成長（%）

ⓧⓇ 收入成長	21.1%
ⓧⓇ 獲利成長	10.3%
STANDARD &POOR'S 收入成長	6.3%
STANDARD &POOR'S 獲利成長	5.7%
FORTUNE 500 收入成長	12.6%
FORTUNE 500 獲利成長	3.2%

0%　5%　10%　15%　20%　25%

成長更多

接下來我們打算把呈現出來的收益及獲利優勢進一步量化為以美元計的年度金額，這樣一來便一目了然，更容易做評估、比較和對照。

為了測定品牌成長的美元總額，我們應用各個指數的逐年成長率平均值，來計算前十大最親密品牌的總收益與獲利，再把這個金額跟標準普爾的 500 家公司及《財富》雜誌全球 500 大公司的成長總額

平均年獲利

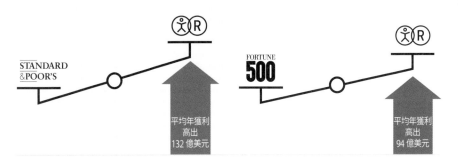

平均年獲利
高出
132 億美元

平均年獲利
高出
94 億美元

數值相比,然後取其平均值。

算出來的結果透露了什麼線索呢?顯然,以「年度」來看,前幾名親密品牌的獲利比標準普爾指數的公司**高出** 132 億美元。跟《財富》雜誌全球 500 大公司相比,年獲利則高出 94 億美元。這些都是重大優勢,同時也清楚展現了親密品牌在商業績效上的有利條件。

價格彈性更高

更親密的品牌另一個表現超群的關鍵所在就是價格。隨著消費者從不親密階段晉升到最高親密階段(融合),他們用高價購買品牌的意願也會跟著提高。換句話說,經濟公平和消費者跟品牌親密度的程度強烈相關。從下頁「消費者多付兩成價格意願百分比」圖表可

Ⓡ

以看到，跟品牌不親密的消費者平均只有 4% 願意多付兩成價格購買該品牌的產品、服務或提供物。然而當消費者在親密關係階段逐步推進時，也就是從分享到連結、融合，願意多付兩成價格的比例也跟著穩定增加。分享階段的意願百分比是不親密階段的兩倍，即願意多付兩成價格的比例從 4% 增加到 8%（平均來說）。以蘋果 iPhone 在全球的用戶多達 7 億來講[121]，假設他們都是分享階段的用戶，那麼套用這個意願比例的話，則意味著蘋果有 5 千 6 百萬用戶願意多付兩成價格購買 iPhone。

隨著消費者在親密階段繼續向前推進，品牌在價格表現上所呈現的優勢更是勢不可擋。進入連結階段之後（即消費者與品牌之間的關係變得更深入、更堅定），14% 的消費者表示願意多付兩成價格購買親密品牌，這個比例是不親密消費者的三倍多。最後，當消費者跟品牌相互融合（即消費者跟品牌難分難捨又身為共同體時），所

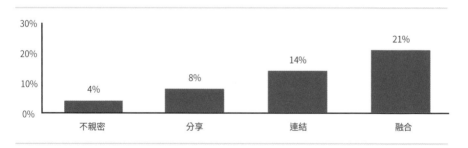

消費者多付兩成價格意願百分比

產生的優勢就是 21% 的消費者願意多花錢，這個比例是不親密消費者的五倍多。再以蘋果為例，假設 iPhone 的融合用戶有 7 億，換算下來就有 1 億 4,700 多萬的消費者願意多付兩成價格。當然這些數字推斷只是為了效果，但從中不難看出蘋果會如何持續獨占鰲頭──以產品品質結合品牌的力量締造非比尋常的品牌親密度。

我們把親密度研究裡所有品牌的融合消費者多付兩成價格意願百分比的平均值算出來，拿來跟價格彈性表現最佳的品牌亞馬遜做比較，用圖表來呈現這種優勢。結果發現，30% 的亞馬遜融合用戶願意多付兩成溢價購買該品牌，這個比例幾乎是亞馬遜最親密用戶的三分之一，每一個都願意多花錢。

我們也比較了前十名親密品牌跟倒數十名的品牌的經濟公平，用另一種方式來看品牌親密度的優勢。結果發現，前十名品牌賣高價的

● 融合用戶高價購買意願百分比

21%

願意多付
兩成
價格

30%

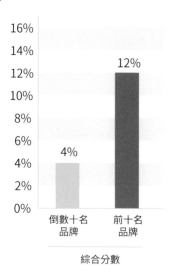

品牌前段班表現超群

綜合分數

可能性為 50%，是倒數十名品牌的三倍。

我們持續深入探索親密在價格表現上所發揮的作用，又發現品牌親密度總分與經濟公平強烈相關。也就是說，品牌愈是親密，則消費者高價購買的意願也愈高。為了驗證這一點，我們從每一種產業各挑出兩家通常被視為是競爭對手的品牌做對照比較，比方說達美航空（Delta）和美國航空、克萊斯勒和本田（Honda）。結果發現，總分較高的品牌在多付兩成價格意願的表現上皆優於競爭對手。

即使從不同產業來看，例如航空業和汽車業（這兩個分別是排名最

購買意願百分比

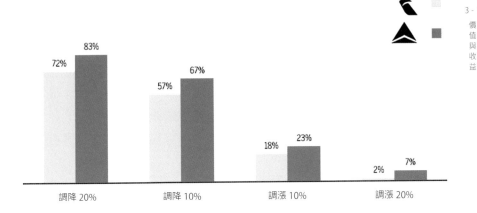

購買意願百分比

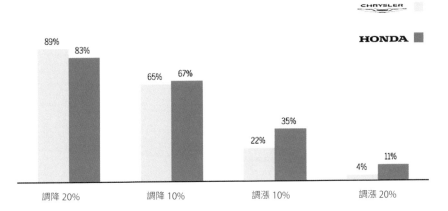

高和最低的產業），也會發現品牌愈親密，價格表現就愈好。

在評估過這些資料之後，顯然也可以清楚看到，就特定產業來講，消費者比較願意多花錢。消費品、媒體娛樂、速食科技電信和飲料業是前五名產業，擁有最多願意多花錢購買的消費者。一般而言，所購買的若是價格較低的品項，則消費者對於可能多花錢以及常用到的產品服務多半不會太敏感。然而，媒體娛樂和科技電信這兩種產業的提供物價格往往比較高昂，但兩者在價格彈性上的排名仍然很高。

親密度愈高，品牌的價格彈性也愈高，這一點至關緊要。

失敗、洞察和省思

今日的品牌承受著必須與眾不同並拿出執行力和落實力的沉重負荷。時至今日，供新內容、新構想、客製化提供物及頻繁溝通（但又不至於過多）之用的通路多到前所未有，當然期望也隨之擴大。不少行銷人員仍然寄望老派策略能過關斬將，然而，有多少消費者透過社群媒體和論壇宣洩他們對品牌的不滿，包括品牌的默不作聲、懶惰不為或者是仍抱著昨日行得通的東西在今日一樣有效的落伍想法，這樣的例子實在太多了。簡而言之，當今的消費者對品牌的期待已經跟過去不同，他們希望品牌更聰明、貼近消費者需求、值得信任且反應迅速。

經過理論的探討之後，接下來我們要提供具體的例子，利用一些灰頭土臉的品牌經驗，來闡述品牌一旦失策會如何使顧客從親密墜入冷漠的深谷。這些經驗也可以作為所有行銷人員的借鏡——雖說錯誤不可避免，但還是有方法可以防範常見的陷阱或免於涉入顯然會讓消費者連結招致毀滅的活動。

品牌失策時應避開陷入冷漠的危機

既然情感是品牌親密度的催化劑，那麼跟品牌連結的正面好處勢必有強大影響，但不利之處相對來講也會非常可怕。品牌與人們之間會形成複雜又以情感為取向的連結，就跟人與人之間的關係一樣。曾經熾熱的關係逐漸變成地雷區，分手的心情就是如此可怕，想必大家都能體會，同樣的道理也適用於品牌。當我們開始深入了解人們為何選擇、熱愛或對某品牌忠誠，我們同樣感到好奇的是，人們為什麼會對品牌由愛生恨，這些情緒又是如何表現。這一切是怎麼發生的？又為什麼最終會招致冷漠呢？

我們發現，消費者為何會冷漠是一個少有集體研究的主題，畢竟誰願意鑽研這種負面的東西呢？雖然「前幾大」品牌發布得夠多，讓人看得眼花撩亂，但要從中找出有系統的「後幾名」品牌研究還真是困難。儘管如此，我們依然認為向品牌失敗的經驗學習固然不容

易，卻是一定要做的事情。

因此，雖然可能有幸災樂禍之嫌，不過我們還是要探討當今品牌碰到益發嚴峻的新風險狀況。現在的公司為了優化公司的損益表現，把獲利放到最大，無不設法用更少的資源做出更多成效。在此同時，消費者因為有大量的選擇再加上體認到自己可以對品牌施展影響力，而逐漸有了大權在握的感覺。社群網路的爆紅及複合效應催化了消費者的怒氣和冷漠，任何行銷高管面對此狀況都會覺得自己只不過是在做困獸之鬥。

除了商譽和品牌表現會陷入風險，我們發現消費者會到達一種更強大又更持久的矛盾狀態。這種沒有任何情感連結的狀態比憎恨來得可怕，而且由於是不可逆的狀態，因此更糟糕。我們蒐羅了很多例子，來解釋消費者與品牌的連結如何被濫用，有時甚至會被摧毀的狀況。

康卡斯特和顧客冷漠的聲音

從這段尷尬的通話紀錄可以看到，顧客因為取消服務的過程而被惹惱，還受到拷問，令人不敢置信。這名顧客想取消有線電視公司康卡斯特（Comcast）的服務，也一再清楚告知這項要求。顧客表明沒有義務針對中斷使用向康卡斯特說明原因，純粹就是想取消服務。

康卡斯特和顧客冷漠的聲音

客服人員的反應讓人不敢領教，他請顧客務必就為何非取消不可提出合理的說明。他不斷地詢問顧客康卡斯特哪裡有問題、顧客為何不滿意，以及顧客接下來打算用什麼服務。令人意外的是，來電者全程都很冷靜，堅持自己的立場（很有可能是刻意為了製造後來的效果）。以下是片段節錄：

客服：我只是想釐清康卡斯特是否有服務不周之處，導致您不想繼續使用。
顧客：這通電話其實就是我之所以不想再用康卡斯特最經典的理由了。
顧客：你能幫我的就是替我取消服務。
客服：這怎麼幫得了你！怎麼幫得了你！告訴我這怎麼幫得了你！
客服：好吧，不過我只是想協助你啊！

顧客的聲音裡透露的冷漠感，顯示他已經錯過了對這個品牌有感覺

R

的階段。另外也可以清楚看到，對於這段關係，康卡斯特品牌是再也無力回天了。這個故事在社群通路上造成轟動，陸陸續續又爆出更多有關康卡斯特的難堪事實，例如客服人員在這通電話裡的表現根本就是按照訓練手冊的教法。如果想聽這段對話，請造訪以下網址：https://soundcloud.com/ryan-block-10/comcastic-service，或掃描圖中 QR Code。

衝擊

當顧客覺得使用中的品牌害他們綁手綁腳時，很容易就會進入全然冷漠的狀態。他們認為自己的選擇權被剝奪了，而公用事業品牌或政府品牌就常讓消費者陷入這種窘境。康卡斯特這一類的公司必須替顧客想辦法（如果覺得難以脫身的剛好是那一群重要的老顧客，更需要特別注意），別讓他們以為自己像個囚犯。事實上，一定要特別留意那些有可能讓顧客覺得難以脫身，或使顧客認為自己在這段關係中沒有發言權的環節，這一點必須謹記在心。

省思：坦然面對顧客像個囚犯被你的品牌困住的狀況，然後設法減緩風險。

聯合航空摔壞吉他和強拖乘客下機事件

正在彈奏吉他（這把沒被摔壞）的大衛・卡洛（Dave Carroll）

這支爆紅影片出現到現在已經九年多了！一名聯合航空（United Airline，簡稱聯航）的乘客因為吉他被航空公司摔壞，憤而創作了一首歌並自拍 MV 上傳，吸引了超過 240 萬的瀏覽人次。這支說服力十足又幽默的歌曲，撂倒了因行動冷漠而讓消費者冷漠的品牌。這位乘客娓娓道來他的經驗，包括他跟鐵面無私的聯航員工交涉，結果只得到好幾個月的推諉搪塞、一大堆電話號碼和毫無進展的後續追蹤，以及無形的挫敗感。這個社群媒體行銷的經典不僅是個案研究，更被寫入書中，請造訪以下網址，了解有關此事件的詳細資訊：http://www.unitedbreaksguitars.com，或掃描圖中 QR Code。

在 2017 年聯合航空又重新奪回了難堪的寶座，這次是因為請警察強制將有機位的乘客拖下飛機而引起巨大反彈。事件發生時被同機乘客拍了下來，馬上成為各個新聞節目的熱播影片，並引起公憤。聯

聯合航空將乘客陶大衛醫師（Dr. David Dao）拖下飛機

航執行長剛開始力挺自家員工，後來又不得不收口道歉，讓整個局勢雪上加霜。這次的個別事件，跟上次摔爛吉他的事件隔了幾年，但仍然犯了跟上次一樣用粗暴手法對待顧客，不把顧客當人看的錯誤。

衝擊

這類不幸事件，很多人會心有戚戚焉。美國的航空公司想必關注了各種不同的問題，但就是不會去思考要怎麼好好對待自己的顧客。從這兩個例子可以看到聯航的反應既怠慢又顢頇。相對來講，第一個事件裡的泰勒吉他（Taylor Guitars），馬上就抓住機會跳出來換新吉他給乘客，以英雄之姿成為陰霾中的希望。至於第二個事件，

其他航空公司見狀也迅速宣布政策異動，但聯航卻行事笨拙，無法做出適當的反應。最後聯航也公布了政策異動，避免類似事件再次發生。這兩次事件中間隔了五年，很難想像聯航這樣的品牌竟然不能機警行事，也缺乏權宜之計。

省思：一失足往往造成商譽受損，影響揮之不去。

禮物出包

蘋果做得太過火

當全球最有價值的品牌跟公認是世上最大的搖滾品牌之一聯手，怎麼可能出錯？2014 年，搖滾樂團 U2 的全新大碟自動發布到 iTunes 的每一個帳戶，沒人料得到後來會吵得沸沸揚揚。Twitter 上的批評聲浪，再加上讓消費者有被強制接受的感覺，蘋果終於發布了訊息，提供不想要這張新專輯的人可以移除「禮物」的方法。

衝擊

在鑄成大錯的當週，蘋果執行長提姆·庫克（Tim Cook）特地澄清蘋果不會擅自儲存和利用使用者資訊的立場（例如 ApplePay 和 Healthkit）。這兩個品牌（蘋果和 U2）的初衷看似好意，但想造就史上最大宗專輯發行的慾望卻把消費者的許可權踩在了腳下。雖然新歌免費，但有些用戶認為這些他們既沒有索取也不喜歡的東西出現在自己的私人裝置上，感覺就好像受到侵犯（或違反意願）一樣。這個案例的重點在於，日後即便送到私人裝置的禮物是免費的，也應該考慮得更周到──尤其那一週蘋果才發表了它最「親密」的產品 Apple Watch 智慧手錶。

省思：別濫用你的權力。

跟社群平台分道揚鑣

分手吧，Foursquare

你要怎麼跟一個上面都是親朋好友的社群媒體平台，或是所有商業界的人脈都在的地方，亦或是蒐集了你最愛出沒的地點和獎勵你社交習慣的工具分手？這些平台的設計就是為了讓你追蹤、連結和按讚，它們不斷地更新好讓用戶黏得更緊，並從中帶動商業利益。然而，這些花招有時候碰上已經倦怠的用戶，事情就會一發不可收拾，所造成的衝擊有可能讓品牌用戶冷漠到底。

以下這封寫給 Foursquare 的分手信，就是表達冷漠最好的例證。分手信一開頭是這樣寫的：「Foursquare，我們分手吧！不是我的問題，這都得怪你」，最後再以署名「前愛人敬上」結尾。這段文字感性地描述了熱情的消費者從熱愛品牌逐漸變成哀莫大於心死的歷程。如果想看完整信件內容，請造訪以下網址：https://byrslf.co/dear-foursquare-c7c441fdf25e，或掃描圖中 QR Code。

「Foursquare，我們分手吧！不是我的問題，這都得怪你。我知道這也許有點突然，畢竟我在認識老婆之前就先認識你了，還跟你去過那麼多地方……

……可惜，以前你最擅長的東西，現在全都搞砸了。你沒有忠於自我，還陷入了中年危機……畢竟你是我唯一信任的公司，又有豐富的資料庫可以讓我用，只有你辦得到。我勉強裝了 Swarm……

……可是 Swarm 實在爛透了。它一直當掉，在 iOS 也當！在 Android 也當！一個任意妄為、拒絕執行核心任務的產品，就像一枝不肯寫字的筆……

你就這樣把熱血沸騰的用戶推給一個當個不停、糟糕至極的 app。除了不斷出現『抱歉，Swarm 已經停止運作』這樣的訊息之外，什麼也沒有。因此，在登入過 3,044 次、得到 68 面徽章之後，你的用戶 #11471 決定認輸了。再見。

前愛人敬上」[122]

另外一位消費者也在類似心境下以絲絲入扣的文筆痛訴他跟 Facebook 分手的經驗：

「我也跟你玩完了！我恨透了每次跟同儕比來比去的感覺。不喜歡用 Facebook 究竟有什麼錯？難道我非得把每個想法、衝動、感覺和經驗都貼給你不可嗎？為什麼一定要跟你分享我的經驗？我喜歡你幫我跟別人保持聯繫，然而同時我也發現，大家（這整個社會）再也沒辦法欣賞面對面溝通這種美好的老派做法了⋯⋯」

我們的線上社群也找到以下這封簡潔的分手信：

「我沒辦法永無止盡的原諒一個一直犯錯、侵犯隱私又顯然不了解我的品牌。掰了！」──美國消費者

衝擊

擁有社群以及推動社群的人，比方說那些選來經營實際社群的主事者，對其成員有其應盡的責任與義務。

省思：別讓消費者感到負擔。以利益相關者為考量點，在用心與貼心當中求進步。

建立更親密的品牌

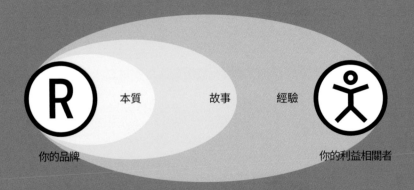

本質　　　故事　　　經驗

你的品牌　　　　　　　　　　　　你的利益相關者

我們跟世界各地的行銷人員探討品牌親密度時，最常碰到的提問就是「該怎麼做才能建立更親密的品牌？」無論是何種規模的公司高管，都看得出來品牌親密度是一種一目了然的清晰途徑，但他們的需求卻會隨著品牌的演進或狀態而有所不同。

有些狀況下需要改造既有品牌，有些則必須創造煥然一新的氣象。但無論如何，把情感作為品牌的核心基礎就是最高指導原則。

想要建立更親密的品牌，需要的是堅定不移與專注一致。為了引導品牌走向親密，我們開發了簡單明確的架構，將各種行銷活動囊括其中。從策略與傳播，再到設計與促動（activation），包括內部與外部合作夥伴和貢獻者在內的各領域和部門都是動員對象。此架構分為三個層級，它們層層相套，構造有如俄羅斯娃娃。此三大層級分別為「本質」、「故事」和「經驗」，全部統整在一起之後，就是一個將品牌塑造的所有面向，包括策略、視覺、言語和促動活動都納入其中的完整架構。

不少品牌利用此架構測量缺口並對症下藥，注入必要的投資與心力。接下來會逐一摘要說明每一個層級所包含的各種活動。

本質

親密品牌先從堅實的基礎或核心著手，我們稱之為「本質」。這是一個打造屬於品牌特有魅力與關係，藉此為品牌構築更大影響力的層級。品牌的研究洞察、命名、策略、結構、視覺識別和設計體系都在此層級底定。基於品牌親密度的既有原則，品牌以用戶為導向，有能力培養情感連結並做出別出心裁的設計。這些都有利於消費者出於直覺地做出明快決定，也反映出人類處理資訊的方式，同時亦增強了品牌吸引用戶的能力。

情感是我們的首要工具之一，我們會從情感光譜著手來打造品牌的定位或承諾，以確保從情感基礎來建立品牌。一般品牌往往把焦點放光譜的下半部，即著眼於理性及刻板聯想，包括設法凸顯品牌的作為（敘述）、所販售的東西（即產品和服務）或如何執行（過程）。

構築品牌

本質

洞察
價值主張
命名／識別
品牌結構
設計—樣貌與風格
品牌管理

為親密品牌尋求定位時，應設法著眼於情感光譜的上半部，也就是強調品牌是誰（個性）、欲傳遞的精神（經驗）或品牌之所以存在及所作所為的終極原因（目的／好處）。若能把品牌導向光譜上半部，就能從策略層級來創造機會，為品牌建立強而有力的連結和深度關係。

本質：常見陷阱

很多公司因為忽略品牌本質的重要，或未體認到商業界瞬息萬變而有再造品牌並取得或維持一致性的必要，使得品牌隨著時間的流逝而失去了本質。又或者有些品牌試圖修正其品牌策略，但又不願意重視品牌的視覺要素。策略與視覺是缺一不可的關鍵元素，應該配合運作才能發揮效果。換句話說，即便制訂了新定位，但若仍沿用舊設計，也無法創造一個深入人心的品牌。

人類在做決定時，往往取決於他們聽到什麼和看到什麼。因此，事物透露的訊息和外觀這兩個環節務必要對準共同的目標，並做好相互搭配。本質若缺乏凝聚力或凝聚力有限，就會因行銷不足而在親密品牌的所有層面上引發連鎖效應。

 承諾／價值主張的光譜

更多情感

你為何這麼做

你有何經驗

你是誰

你怎麼做

你賣什麼

你（品牌）是什麼

更多理性

故事

構築親密品牌的下一層級稱為「故事」。隨著品牌涉入更具互惠的社群行銷通路，此層級所扮演的角色更為吃重。如今是一種「全通路」（omni-channel）環境，品牌內容必須藉由強大的故事，用激發情感的方式將觀眾跟品牌連結在一起。將各種原型搭配出深入人心的組合，便可作為有效途徑，指出情感依據和內容的方向。故事扣人心弦的品牌，可促進更多的互動並且更貼近消費者。無論是社群媒體、整合式宣傳行銷活動、創意內容或是意見領袖，都可以由故事來主導。

在變化萬千的市場裡，有強大故事撐腰的品牌可以說具備了樞紐、反應和保持領先的優勢。這種品牌可以策動各種計畫，促進互惠程度，讓用戶涉入其中並受到鼓舞，這樣的做法如今也愈來愈不可或缺了。雖然所有品牌幾乎都具備某種本質，但未必每一個都會有成熟的故事

打造強大的故事

傳遞訊息

意見領袖

故事　　　　內容

整合式宣傳行銷

媒體

構成要素。故事引人入勝，則有利於將傳播對象區隔為分享、連結和融合顧客，不但能吸引與品牌連結的消費者，又能夠取悅他們，對於深化兩者之間的關係並推進至下一階段的親密大有裨益。

打造故事要素時，應把焦點放在創作動人的內容，並找出最有利的方式來分享及散播故事，如此才能將內容的價值、效益和魅力發揮到最大。這表示在構築內容時，必須考量到要以什麼為主軸、要支援哪些環節、如何將內容做區隔（依觀眾、地理位置或產業等類別）。另一個重點則在於決定分類方式，務必制訂技術計畫，來支援具有中繼資料和一致性術語的內容物件，才能增強搜尋結果，並利用宣傳行銷活動或所使用的語言來建立使用者熟悉度。最後要考量的是商品化，也就是如何將內容分眾及分享。從慫恿觀眾吸取一點點的資訊開始，再擴大到訊息圖片、影片和長篇素材，該怎麼把素材的商品力發揮至極致？切入哪個場域可以激發對話？親密度可以作為有效的篩選器，一方面有利於建立強大的內容，另一方面又可以理出優先順序，決定重點內容。

故事：常見陷阱

沒有故事作為後盾的提供物，往往表示品牌的語氣、風格和個性很有限，在市場上的區別性不高。不管是要讓消費者聯想到的概念，還是商業界人士需要的寶貴資訊，若沒有故事支援的話，品牌很難跟用戶互動，更不用說深化互惠的關係。

內容的必要條件

階層

分類

商品化

經驗

構築更親密品牌的最後一層架構涵蓋範圍非常廣泛，這也是品牌跟利益相關者之間真正的考驗所在。品牌在理論上很強大是一回事，經驗層面才是品牌實際上是否能生存的體現，所有存在著品牌的實體、環境和數位世界都算在其中。此層級的目標是策劃一個難忘的經驗，在更多地方、更多裝置上實現更具個人色彩、更特別又更動人的時刻。不管接觸點是實體還是數位場域，利益相關者的腳步會逐漸跟上品牌的一致性與整體水準。隨著品牌受到的監督愈來愈多，這意味著差勁的零售體驗、低劣的客戶服務或是失敗的產品／服務都讓人更難以容忍。雪上加霜的是，今日的行銷通路支離破碎又不斷在改變，迫使品牌必須隨之調整並提高頻率和效率。

著眼於顧客旅程中的各個接觸點，以便藉由彙整過的計畫和舉措來落實精心安排的經驗。

策劃更具個人色彩又特別的難忘時刻

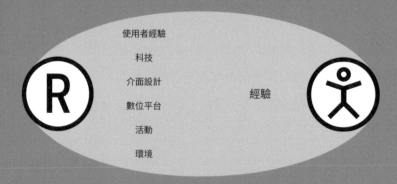

使用者經驗
科技
介面設計
數位平台
活動
環境

經驗

在這個層級，掌握「品牌親密度總分」的分數就可以從中獲得寶貴的洞見，比方說可以看到品牌跟哪些原型有關聯、哪些階段可以有效的建立連結，以及哪些用戶（男性、女性、年長者、年輕人、各種收入水準）最容易連結成功。這些洞見又能夠發展出深入的旅程分析，探索品牌是否可以更有效率的吸引顧客及取悅他們，並且凝聚錯綜複雜又不斷擴充的接觸點。從有益於產出預期結果的基礎架構，到實現經驗所需的各種工具和流程，這些環節共同策劃出效果增強的經驗，供深化連結和鼓勵互惠之用。此層級的重點在於找出適當的觸發因子並加以落實，譬如說精選原型、關鍵訊息、視覺線索、設計元素、個人化溝通和對話機會。

經驗：常見陷阱

你可能會感到意外的是，很多品牌經驗雖有卓越的執行力，卻受限於過時的基礎架構和流程而難以施展。平淡無味的素材若用未頻繁更新或優化的通路來散播，簡直就是屋漏偏逢連夜雨。缺乏有創意的接觸點來影響行為也是一個問題。另外我們還發現，消費者的關注減少值得留意，要不然就是用新方法吸引顧客的宣傳行銷活動實在太少了。這些原本都是可以用來激發對話、促進關係，提升品牌親密度表現的機會，錯失甚為可惜。

品牌親密度平台

今日的行銷人員面對的壓力與日俱增，一方面要在投資報酬率上拿出表現，另一方面又要有能力被組織內部視為品牌的掌控者。真正親密的品牌會先從搞定組織內部著手。比起把潛在消費者轉化為真正顧客，以最能激勵人心的願景和鏗鏘有力的品牌承諾為圭臬，塑造出強大統一的企業文化，才是第一優先的要務。

當前是個瞬息萬變的時代，公司從上到下的領導階層，扛著季季都得繳出具體成績的壓力，而不是從年度表現來衡量。一些相對來講較為無形、有助於保持強大品牌的指標，譬如商譽、權益或甚至是品牌價值等等，逐漸被財務指標所取代。若是沒有像「品牌親密度

總分」這種具有深刻意義的指標來衡量品牌的話，品牌跟顧客之間所建立的實際連結恐怕就只能從買賣交易的層面來評測了。

為了填補這個空隙，我們打造了「品牌親密度平台」（Brand Intimacy Platform），用此軟體來替品牌製造凝聚力和影響力，並且進一步在整個組織內部建立連結。此平台在混合了《財富》雜誌全球 1,000 大公司所使用的各式工具後變得更加完善，這些公司則來自各種不同的產業，譬如金融、健康醫療、汽車、不動產、科技和消費品。我們還建置了一套戰鬥力十足的功能，來因應各種不同的項目，比方說數位資產管理（digital asset management，簡稱 DAM）、品牌管理和企業內容管理等等。幾年下來，這套工具已經融入到各式各樣的企業環境裡，依各種規模和種類的品牌的各種不同需求而調整自訂。據我們的觀察，雖然雲端型平台不斷增加，密集度愈來愈高，但能夠把行銷組織及其內外利益相關群體統整在一起的軟體卻依然很有限。我們在品牌親密度這個新典範的加持之下，設法將各種獨特的工具和功能集結在一起，彙整成一個強大的平台，目標是為整個跟行銷有關的利益相關者生態體系建立更緊密的連結。此軟體是否能順利執行和運用，以利品牌的管理與部署，取決於幾個十分重要的原則。接下來，我們會逐一針對各項原則引用幾個實例來輔助說明。在運用品牌親密度平台或者是其他解決方案，設法維持、建立和提升親密品牌的同時，請務必考量到這些原則。

整合

通常行銷人員第一個會碰到的最大障礙，就是組織內的技術基礎架構問題。公司內部對於置入平台所具有的彈性空間和接納度，少則會在行銷和技術這兩個團隊之間製造緊張情勢，多則演變為重大衝突。

品牌親密度平台主要是為了跟廣泛的企業級系統整合，譬如Oracle、SAP 和微軟（及其他系統）這些替許多公司建置了重要技術基礎的系統。其次，此平台也能夠跟銷售和行銷技術領域會用到的各種雲端解決方案整合，比方說 Salesforce、HubSpot，或者是DropBox、Box 之類的數位資產管理系統，又或者是其他網路技術，

● 品牌親密度平台

例如 Google 服務和 Adobe Cloud 等等。現今的行銷人員能否出師告捷，就看他們有沒有能力運用以大型技術為主的超級系統經營公司，再搭配特定團隊偏愛的各種小型部門級工具，來建立靈活敏捷又充滿彈性的生態體系。雖然各式各樣的解決方案、平台和技術隨時都在變化且速度愈來愈快，但品牌親密度平台依然保有彈性、開放和強大的適應力。

測量與洞察

整合是建立與運作此平台的重要關鍵，而測量和洞見則屬於動態資料，可提供品牌績效回饋、決定性機會及驗證作用。品牌親密度平台把大量的研究行銷資料、各種工具及資料庫統整在一起。行銷人員面對龐大的素材，需要的正是有效率的分類、篩選和搜尋工具，才能以迅速、視覺化又直覺的方式找到所需資訊。部分客戶還可以選擇編輯層，用一系列的訊息圖表、精簡對話框、影像和關鍵字來呈現洞見。

公司高管尋尋覓覓，為的就是找出更穩當的做法，也就是能在知名度、試用或銷售方面製造下一波重大增長的銀彈方案。就我們實際與《財富》雜誌前 1,000 大品牌合作，以及我們跟代表前幾名親密品牌的行銷人員討論的過程當中，經常會談到該怎麼做才能確切預測品牌的親密度。我們在平台中建置了一個工具，可預測潛在行銷

活動會對品牌親密度總分產生多少影響。此預測模型基本上就是一種模擬器，行銷人員和研究人員可以透過模擬器更換原型或修改親密階段排名，分析這些改變會對整體親密分數產生何種影響。這個工具也給了我們可以進行情境規劃的模型，十分有益於開發新傳播平台、找出吸引顧客的新方法，或者是決定應該利用哪個品牌來優化品牌或產品架構組合。

此模型可作為模擬器的彈性桌面工具，只要更改品牌的原型分數就

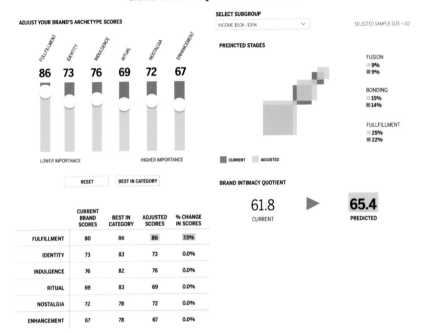

能呈現新的情境。換句話說，在特定原型上增加或減少分數，就可以透過即時畫面看到分數對品牌親密度階段和整體總分所造成的影響。

當然，只有當品牌有既定的親密資料數據或是用代理品牌來進行比

較時，才有辦法進行這種模擬程序。我們常常因為看到原型對親密度更高的品牌竟能產生重大影響而感到吃驚。沒想到把強大的原型配對後，也會大幅改變分數，令人意外。模擬器的功能就是在投入實際的行銷活動之前，用來呈現、測試及探索各種可能會有的情境。

建置即時追蹤工具來測量親密度就跟預測品牌親密度一樣，都是很重要的環節。我們的客戶對於即時掌握及追蹤品牌的情感表現有迫切需求，為此我們便著手探勘媒體資料，設法從中挖出現有、公開

和廣泛的洞見，以利我們補充其他研究資源。根據皮尤研究中心（Pew Research）的資料指出，超過 74% 的成人網路使用者會使用社群媒體，有鑑於此，我們對品牌及其用戶又有了更深入且多元化的資料資源可運用 [123]。

社群聆聽（social listening）和網路情感追蹤工具只要搭配適當的演算法，就能化身為效率十足的途徑，供行銷人員調查研究社群網路。我們的目標是盡可能匯集社群平台、搜尋入口網站、部落格或新聞網站的資料，將人們針對品牌所寫的文章、評論和分享納入其中，以便針對某產品、某運動員或是某政治人物給人的正面、中立或負面感覺，亦或是對其他的人事物提供最新的回饋。我們以情感作為發展基礎，一字不漏地蒐集各種留言、網路使用者分享和張貼的影像，甚至連表情符號也不放過，因為我們相信這些東西都是評論中的重點或語氣。

我們善用社群媒體的影響力和規模，所以現在又增加了即時追蹤品牌情感貨幣這項功能，可用來量測市場反應並（或）預測未來的績效。

社群

公司內部的文化往往對品牌的成功扮演著樞紐角色。品牌跟顧客之間所建立的品牌親密度愈緊密,自然可預見組織內部必有一個向心力強大的團隊努力為實現品牌承諾而付出;這也意味著,行銷社群功能正是品牌親密度平台的核心。首先也最為重要的是,公司內外的受眾,也就是指所有跟行銷和傳播活動有關的人員,都有權進入此平台。代理商、顧問、製作廠商和合作夥伴這些利益相關者通常都會受邀加入,而此平台猶如一個中心點,是所有跟打造品牌有關的人員匯集之處。

平台的主螢幕看起來就像一個以時程為基準的「牆面」，此牆面會宣傳公司的新聞及每日動態。主螢幕因大大小小的地方都在變化而產生「脈動」的感覺，人員、活動和品牌成就的動態以及更具魅力的內部特色都由此呈現出來。

平台除了用主螢幕展現品牌的即時動向之外，其內容也為行銷社群建構了支柱。從基本指南與重要資產，到策略、設計和促動這些構成品牌管理核心環節的詳細解說和原理闡述，都屬於內容的一部分。無論是想找簡單的資產或範本的尋常訪客，還是需要完全掌握品牌本質的高階使用者，都能從中找到切身有關的元素。此平台的設計賞心悅目，介面上的所有元件都可以隨品牌需求來異動，也很方便瀏覽。

行為

不管是創造新品牌亦或是轉型既有品牌，唯有顛覆過去的行銷方法和重點排序，才能跟顧客之間建立更親密的連結。顛覆行動必須配合嶄新或增強的目標與動機，而最終行銷及傳播團隊、代理商、合作夥伴和廠商也會發展出新氣象。品牌親密度平台所以這樣設計，就是要激勵品牌化行為和強大的內部連結。從最先跟使用者打招呼的脈動主螢幕就可以看到，平台的目標為鼓勵發表評論和分享。使

用者經驗著重的正是社群協作。有些客戶甚至決定要更進一步設立內部獎勵區，透過投票和表彰卓越與最佳實務做法，讓成員更能參與其中。

從更務實的層面來看，健全的服務支援中心（help desk）功能可以非常有效的控管品牌的要求。在這項功能的輔助下，平台以流暢的工作流程讓行銷、銷售和法務之類的不同部門，都能先檢視素材並討論過意見後再行發布。我們的客戶光用這個功能就省下好幾百萬美元，不但取得更強的合規意識和控制權，又能找出品牌或行銷組

織需要解決的貧弱環節。品牌親密度平台一旦被公司內部接受而在公司根深柢固，品牌的態度和績效一定會大大的提升。此平台會解析並闡明品牌各種模糊不清和未知的地帶，如此便可把教育或監控的時間省下來，轉而用來解決更需要創意的行銷和策略問題。

當品牌向外延伸，或是在各種螢幕和環境中促動時，品牌親密度平台可以執行關鍵功能來提升及改造品牌推銷自己的方式。這個平台的設計能夠讓銷售和傳播團隊利用易於更新又集中管理的最新內容，更有效地與目標受眾互動。不管是用親密品牌 iPad 來展示，還是透

過觸控式互動多媒體資訊站，亦或是在銷售／零售環境中的各種大型視訊牆面，此平台都會針對該品牌的產品和服務針提供各種說服力十足的銷售經驗給形形色色的顧客。平台有一個十分強大的功能，那就是它會測量、追蹤每個動作或後續動作，也可以跟銷售或顧客關係管理工具整合。無論是顯示內部使用者活動的面板，還是使用中的資訊站或螢幕的狀態，都會被歸在更細緻的儀表板中，如此便可一目了然地看到哪些人在使用工具、哪些東西跟顧客連結，以及哪些環節可以更進一步優化。

衝擊

品牌所建立的關係或連結並非靜止狀態，而是會不斷地發展變化。一如前文所述，若想在當今的行銷場域無往不利，就要用行銷平台軟體有效地管理親密品牌、建立連結並施展品牌的能力。

對負責技術基礎架構的 IT 團隊來說，品牌平台最重要的就是花費要低、容易部署，並具備一套模組化功能，可以用來擴大或減縮規模。無論是在大公司還是小公司，行銷平台往往不是被優先考慮的項目。因此，行銷工具容不容易整合或是不是可以有效整合，就是它能否成功運作的關鍵因素。

打造品牌親密度的軟體唯有提升或改善了人類的流程與成果，才能

算真正有效率，這一點至關緊要。每分每秒，品牌若不是正在增加與利益相關者之間的親密感，就是在削弱它。我們的行銷平台旨在協助各種團隊詮釋及操控品牌隨著時間過去而產生的差異與變化。在設法提升親密品牌的過程中，有平台軟體的輔助就像如虎添翼一般，尤其是涉及到跨部門、跨地理區域的時候。

前瞻

1-5「新發現」裡提到了一項重要新發現：科技是品牌親密度的推手兼殺手。科技日新月異，唯有確保科技充分發揮效果，建立更強大的連結和關係，才能影響品牌的建立、管理以及最終帶給消費者的體驗。

未來的前景令人又愛又怕。人工智慧與自動化在現階段都有了重大的創新，各種連線裝置把虛擬助理送進了人類的居家環境裡，至於商場上，健康醫療或金融等場域所碰到的一些最嚴峻的挑戰，現在都由電腦負責解決。行銷界也開始使用自動化技術來瀏覽人們的線上行為並做出反應。媒體也程序化了，而在撰寫本書之際，奧多比（Adobe）才剛發布一個叫做 Sensei 的實驗性平台，以機器學習來製作平面設計和網頁配置。另外也有線上工具可以從字的部件創造獨一無二的名稱、利用素描產生標誌的 app，還有一種程式可以用

來抄寫作者筆跡潦草難辨的長篇文本。可以預見的是，電腦在品牌創作與行銷流程各個層面的角色，很快就會從輔助地位演變為品牌的主要創造者與管理者。

未來無論科技會扮演何種角色或發揮何種影響力，人們渴望跟他人、產品和場所連結與聯繫的這種根深柢固的需求是不會改變的。人始終都會被自己認同或者是能夠提升、滿足或縱容自己的產品和服務所吸引。人抵擋不住懷舊之情，也會藉由儀式般的例行公事養成牢固的習慣。人跟品牌之間的關係會從分享發展到連結，並在特殊情況下進入難分難捨且成為共同體的融合階段，就跟人與人之間的關係一樣。品牌親密度平台是以新典範為準的技術解決方案，它具有羅盤的作用，能夠指引今日及未來的行銷人員如何去推展人所製造、使用、購買和珍愛的品牌。

品牌親密度平台是針對當今的行銷新典範所設計的技術解決方案。此平台有助於行銷人員掌握整個利益相關者生態體系，進一步提升品牌，以便創造更強大的連結。善用此平台的公司已經成功改造了顧客感覺、購買以及最終珍愛品牌的方式。

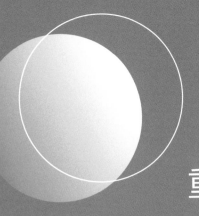

重點摘要

- 名列前茅的親密品牌在收入、獲利和業績長紅方面的表現優於標準普爾和《財富》雜誌全球 500 大公司。

- 親密品牌可以賣更高的價錢。

- 當今品牌常見的陷阱多半不脫顢頇、未站在顧客的角度思考、越權和弄巧成拙。

- 以強大的本質、故事和經驗來建立更加強大、親密的品牌。

- 軟體是催化親密品牌過程中愈來愈不可或缺的角色。品牌親密度平台可以激發整個行銷生態體系、使之得以發揮最大的效益。

結論：
親密品牌的力量

市場瞬息萬變，再加上新科技與變動的消費群一直在改造品牌的設計與感知方式，因此我們很早就知道行銷人員的基本原則應該要重新調整。有一些觀念，比方說以理性為取向的策略，或者是用不能反映實際購買流程的行為階層所建構的非自然測試途徑，又或者是知名度和考慮觀望會促成購買行為這樣的假設，儘管未必落伍，但顯然已經跟不上消費者跟品牌的互動方式，以及消費者購買和使用品牌的模式。

我們已經掌握到，購買行為的最大指標就是人們對品牌的感覺。感覺基本上就等於浩瀚的機會，只要打造一個人們可與之連結又有感

的品牌，亦即以簡單明確的方式訴說動人故事的品牌，行銷人員就能好好利用與創新機會。人在做決定時，憑的是直覺和情感。問題是，行銷人員又該如何善用這種新洞見呢？顯然保持精簡、討喜又非常有影響力就是其中的祕訣！

品牌親密度容易達成嗎？那可不！是否有必要改變很多慣用途徑才能創造品牌親密度？確實有這個必要。品牌親密度真的有效果嗎？當然！在「商業」上也有成效？**絕對有效！**

我們衷心希望這本書可以啟發大家去思考人們與品牌之間的實際關係……另外就是，在建立關係的過程中，雙方如何能互惠與投入。品牌應該採取什麼作為才能增強與消費者之間的連結？品牌如何才能激發對話和參與？大多數的人只會想到品牌吸引顧客及推銷的方式，而不是去探討品牌應該如何涉入關係，把跟人們之間的連結變得更緊密。

我們最開心的莫過於協助公司深入了解和領會到親密品牌的潛能。

BRAND INTIMACY

從評估機會、開發相應的行銷策略到設計和執行層面，大大小小的公司其實有好幾百種方法可以提高建立品牌親密度的效率。

公司最終想要看到的是品牌能促成具體有形的結果。因此，把心力集中在確實能顯現成果的環節，便是最有利的做法。當我們看到新合作夥伴和顧客被重新訴諸情感的品牌所吸引時，我們就知道自己做對了！

無論是小型新創公司亦或是身價好幾十億美元的全球性集團，品牌親密度都能升級或創新公司的行銷活動。我們鼓勵所有品牌建立連結、訴諸情感，再以提升的親密度來擴充品牌的相關性。

投入的愈多，得到的愈多，任何關係皆是如此。

2011 年　　2010 年

2012 年　2013 年　2014 年　2015 年　2016 年　2017 年

附錄：10 種評估品牌親密度的方法

這十大評估方法旨在提供行銷人員一系列更加清楚明確的題目，藉以縮小品牌表現的明顯缺口並有利於診斷。這些課題，不管是全部還是其中一部分，都具有樞紐效果，可提升品牌並激發行銷人員創造情感更豐富、扣人心弦的連結。

品牌會不斷演進並受到文化的驅使。因此，只要走對方向，就能預測並主導商情。但可惜品牌往往被視為花錢的東西，而不是公司及其利益相關者之間的潤滑劑。就像人想要培養或改善關係的狀況一樣，冷眼看待品牌的這些連結，不但會造成商情重大延誤，還會阻礙這些連結進一步發展，導致失去推動業績的機會。

檢驗品牌所建立的連結

○ 你用昨日的策略來解決明日的行銷問題嗎？或是你倚重傳統的品牌塑造方法（也可能早已落伍），以設法在當今世界保有強勢地位和影響力？

○ 你可知道哪些因素會影響人們跟品牌之間的連結？

○ 你是否有方法和工具可以判斷此連結的品質？

我們先從連結著手，因為這是親密關係的基礎。以上題組鎖定的癥結點在於人們為什麼要跟你的品牌連結？有哪些驅力在促進品牌關係？你是否知道該如何測量這些關係？

方法 ❷

透過品牌來發聲並驅策消費者

- ○ 你的品牌本質是否能促進或激發利益相關者的親密感？

- ○ 品牌本質是否具備固有的因子，能讓品牌淬鍊出情感強烈的連結，推動消費者做出決定？

- ○ 品牌是否以最適合用來建立連結且不朽的人性基本原則為準？

- ○ 品牌能否讓最重要的客層更有感？

以上題組要判斷的是，品牌是否以情感為基礎，又能否促使消費者快速做出決定。假如你的品牌並非立基在情感之上，請務必從情感開始著手。也許理性的途徑到目前為止都能發揮足夠的效果，但這種方式無法將品牌的潛能發揮到極致。你是否善用六大原型？你用的是哪些原型？如何運用？

方法 ❸
校準品牌與文化價值觀

○ 既然品牌必須先跟內部利益相關者及合作夥伴建立連結，那麼這些人員和單位是否已經對實現強大的品牌化經驗有了凝聚力並得到鼓勵又做好準備？

○ 員工是否了解自己在建立品牌的過程中所扮演的角色？

○ 他們是否知道自己每一次跟顧客互動時都是代言品牌的好機會？

你是否創造了生氣盎然的品牌，不但讓員工引以為傲且自認是品牌的一分子？品牌是否彰顯了員工的價值？他們是否明白自己具有代言品牌的角色？把焦點放在顧客身上之前，應該先關注那些會影響顧客的人。這些人既是你的防護線，也是你的進攻大隊，更是賦予品牌人性維度的明確途徑。

針對今日的美感
來做設計和傳播

○ 你的品牌識別、訊息和內容能否產生共鳴？

○ 你吸引的是正確的消費客層嗎？

○ 品牌能否促進分享、連結或融合行為，有利於終極關係的建
　立？

○ 你的素材能否讓品牌自眾家對手當中脫穎而出，又這些素材
　是否針對當今的數位風景做了優化？

品牌是否用重要方式進行有效傳播？品牌是否有獨特、容易識別的樣
貌，大大有別於競爭對手？它是否吸睛、動人又令人好奇？它是否用
能啟發對話並促進關係的方式向消費者發聲，還是以從上而下的單向
做法來傳播？你是否讓消費者更容易涉入並開啟與品牌的關係？

方法 **5**

管理好品牌並把行銷社群當作業系統一樣培育

- ○ 你的品牌管理是否有條有理，又能隨著需求或狀況的變化而調整？

- ○ 你是否能成為行銷和傳播社群的的有力後盾？

- ○ 你是否能讓行銷社群參與，但又不至於強迫他們？

- ○ 你是否能指出品牌在滿足期望方面之所以成功或失敗的環節、時機和原因？

親密品牌需要恰當的工具，才能迅速採取行動、發聲鏗鏘有力並創造巧妙的時刻。你是否用了最尖端的工具，好讓行銷團隊能在預算內準時履行必要措施？你分享的是最佳實務做法和創新舉措嗎？你是否評估過哪些平台最成功，又原因何在？

Ⓡ

方法 ⑥

驅策品牌在每次互動時都能啟發和取悅顧客

- ○ 你是否用有效的內容和整合得當的行銷活動，來展現品牌的價值和精神？

- ○ 你的媒體組合是否能發揮最大效果？

- ○ 你的方法可否落實能產生共鳴的一致經驗？

- ○ 你是否能指出促銷行動的弱點為何？

你是否對準顧客心之所向？你是否在適當通路用適當內容來宣傳品牌，把消費者的興趣和參與感完全激發出來？你是否投入心力製作可附加價值的內容，還是靠顧客創造內容？你跟顧客溝通的頻率足夠嗎（還是過於頻繁）？

方法 ❼

善加利用裝置 與平台的擴散

◦ 品牌的通路是否足夠？品牌是否位在適當通路？

◦ 你是否已經找到好辦法，善用裝置的普及性來打入顧客的私人與職場生活，創造更多的價值？

◦ 你是否在傳統與新興平台之間取得平衡，以擴展你的消費客層？

你是否試驗過各種通路？是否同步進行多種試驗和宣傳活動，測試新點子的效果，以利建立更強大的連結？是否善用各種裝置，讓顧客更加輕鬆愉快地跟你互動？

把品牌當作社群
而你是活動調度人

- 你是否找到了顧客經常出入的社群，並給予大力支持？

- 你能否針對這些社群製作動人的內容？

- 除了銷售之外，你是否找到其他方法吸引消費者、跟他們對話並對其施加影響力？

- 你的顧客參與行為是否很難捉摸？

你為顧客創造哪些價值？現代人十分忙碌，有好的內容才能吸引眼球。宣傳活動、優惠券和贈品都只是基本配備。你能否找出嶄新又深刻的方法來創作效果十足的素材？你如何創建社群？你會追蹤自家品牌的動態嗎？你的員工會嗎？你促成了哪些有意義的對話？

方法 ⑨

別讓資料洪流蓋過
雜訊中的信號

- ○ 你的分析是否以正確的行銷目標為依歸？
- ○ 你會測量品牌表現的傳統與新興面向嗎？
- ○ 你會測量顧客關係的深度與強度並進行基準化分析嗎？
- ○ 你的品牌表現是否符合標準？

有鑑於資料的擴散作用，你測量的是哪些資料，測量頻率為何？你滿意你的績效嗎？你是否對增強的顧客情感連結做了測試及基準化分析？你會用不同的方式來測量傳統通路和新興通路嗎？你的目標是什麼？這些目標製造的是短期還是長期效益？你是否能更有效地把分享階段的顧客推進到連結階段，或是設法建立更融合的關係？

Ⓡ

打造及維持終極的品牌關係

- 你的利益相關者和品牌是否為共同體？

- 顧客對你的品牌所產生的行為是否含有正面情感？

- 你是否滿足了所有目標客層的期待？

- 你的努力是否跟實際的商業績效成正比？

你是否建立了親密品牌？你是否對連結做了測量？該如何建立關係而不是創造交易？你滿意你的績效嗎？你要如何繼續深化顧客連結？這些努力是否改善了你的盈虧狀況？

致謝

我們有此榮幸參與打造世上最重要、最有意思又最獨特的品牌。我們除了從中得到非凡的經驗和成就感之外，也因此有機會能夠讓我們的熱忱所在——品牌親密度——更上一層樓。

品牌親密度的精髓其實就是在品牌與利益相關者之間建立更強大的連結。所以我們常喜歡說，除非已經先跟員工建立了緊密連結，否則就不算真正思考過品牌親密度——這句話似乎可以作為我們下本書的主題！不過在那之前，先讓我們向 MBLM 才華洋溢的團隊以及數十年來一起努力的夥伴致上深深的謝意。

我們的 MBLM 合夥人把品牌親密度推廣到全球，沒有他們就沒有這本書的誕生：

　　約翰・迪芬巴克

　　克勞德・薩爾斯伯格

　　威廉・新谷（William Shintani）

　　黃傑勇（Jae-yong Hwang）

　　艾杜阿多・卡德隆

　　愛咪・威克（Amy Weick）

　　西德尼・布蘭克（Sidney Blank）

　　瑪麗亞・加布瑞拉・普利多（Maria Gabriela Pulido）

　　克里斯安娜・布隆維斯特（Kristiane Blomqvist）

感謝他的孜孜不倦，為「年度品牌親密度研究」以及原文書封面、內頁版型、方向和美感所貢獻的設計領導力、靈感和付出：

　　李惠明（Hui Min Lee）

由衷感謝以下智囊團投入時間、精力和熱情，從最初到成熟這一路走來的各個階段，跟著我們一起守護和提升品牌親密度典範：

　　克勞德・薩爾斯伯格

　　威廉・新谷

Ⓡ

黃傑勇

艾杜阿多・卡德隆

西德尼・布蘭克

迪米崔・米哈拉卡寇斯（Demetri Mihalakakos）

魯尤莎・阿爾哈比西（Lyutha Al-Habsy）

大衛・克洛弗（David Clover）

茲瓦・馬吉德（Ziwar Majeed）

迪亞戈・寇斯基（Diego Kolsky）

史帝夫・桑坦格羅（Steve Santangelo）

凱莉・盧比（Carrie Ruby）

感謝我們的研究夥伴，也就是由馬切羅・納荷特（Marcelo Nacht）、傑伊・艾倫（Jay Allen）和亞當・湯曼尼里（Adam Tomanelli）領軍的 Praxis Research。同時也要衷心感謝約翰・基朗（John Kearon）和 BrainJuicer（System1）的團隊，謝謝他們對初步質化研究發現的貢獻。

在此也要向我們共事超過 15 年的 MBLM 和 FutureBrand 同事致上謝意：

泰絲・阿布拉罕（Tess Abraham）、梅莉莎・阿根德茲（Melisa Agúndez）、法蘭克・阿爾卡克（Frank Alcock）、盧莎・愛爾哈柏西（Lyutha Al-Habsy）、璜・卡洛斯・阿利亞斯（Juan Carlos Arias）、安東尼歐・貝格里歐恩（Antonio Baglione）、艾蓮娜・貝尼提茲（Elena Benítez）、威廉・比翁迪（William Biondi）、克特・布雷克伍德（Kirt Blackwood）、羅貝托・伯拉紐思（Roberto Bolaños）、雷南・卡古

伊歐亞（Renan Caguioa）、愛德華多・卡德隆（Eduardo Calderón）、蕾娜・卡普利（Rena Capri）、史蒂芬妮・卡洛（Stephanie Carroll）、拉斐爾・卡瓦荷（Rafael Carvalho）、愛利森・卡瓦格納羅（Allison Cavagnaro）、雷蒙・詹（Raymond Chan）、提尼・陳（Tini Chen）、喬書亞・周（Joshua Choi）、大衛・克洛夫（David Clover）、克里斯・寇納（Chris Connor）、凱特・康拉德（Kate Conrad）、艾蜜莉・卡頓（Emily Cottone）、麥可・阿塔西瓦（Michael A DaSilva）、安東尼・迪可斯塔（Anthony DeCosta）、奧利佛・迪拉拉馬（Oliver De La Rama）、羅德里哥・迪亞茲（Rodrigo Díez）、賴瑞・杜魯里（Larry Drury）、尚恩・路易斯・杜繆（Jean Louis Dumeu）、卡林姆・阿布艾非多（Karim Abou El Fetouh）、珍妮佛・艾略特（Jennifer Elliott）、塔伊斯・馮塞卡（Thais Fonseca）、凱斯・佛斯特（Keith Foster）、馬汀・賈西亞（Martín García）、傑夫・高登伯格（Jeff Goldenberg）、尤瑟夫・豪亞提斯（Youcef Haouatis）、凱特・哈維（Kate Harvie）、安東尼・賀蘭達（Anthony Herenda）、雀瑞爾・希爾斯（Cheryl Hills）、戴伊恩・尤洛夫（Deyan Iolov）、薇拉・卡斯柏（Vera Kasper）、丹尼爾・伊利札瑞（Daniel Irizarry）、凱洛・顏森（Carol Jensen）、拉美爾・卡巴尼（Ramel Kabbani）、賈斯汀・凱茲默（Justin Kaczmar）、克莉絲汀娜・考夫曼（Christina Kaufman）、麥克・甘迺迪（Mike Kennedy）、亨利・金（Henry Kim）、史蒂芬妮・金（Stephanie Kim）、娜迪亞・克萊恩（Nadia Klein）、葛雷格・克雷瑟爾（Greg Kletsel）、奈德・克萊茲默（Ned Klezmer）、歐拉夫・庫萊茲（Olaf Kreitz）、艾胥溫・庫洛圖根（Ashwin Kulothungun）、林恩・拉卡西亞（Lynne LaCascia）、約翰・雷克（John Lake）、卡珊德拉・連恩（Cassandra Lane）、西門・劉（Simon Lau）、湯姆・李（Tom Li）、雷吉娜・羅梅里（Regina Lomeli）、哈爾卡・拉普乾（Harka Lopchan）、安琪兒・羅倫佐（Ángel Lorenzo）、茲瓦・馬吉德・拉維尼・馬爾斯（Laverne Mars）、吉利安・瑪斯卡連哈斯（Jillian Mascarenhas）、萊恩・麥當勞（Ryan McDonald）、史考特・麥卡連（Scott McLean）、烏茲耶・穆罕默德（Uzair Mohammad）、奈敏・莫夫提（Nermin Moufti）、強尼・大倉（Johnny Okura）、布蘭登・歐奈爾（Brendan O'Neill）、塔馬拉・佩特羅維（Tamara Petrovic）、海特・皮佛（Heitor Piffer）、傑森・皮瑞斯（Jason Pineres）、瑪利卡・普瓦尼（Mallika Punwani）、法蘭西斯・奎爾菲德（Frances Quirsfeld）、馬可・拉柏（Marco Raab）、馬克・羅賓諾維茲（Marc Rabinowitz）、菲利普・羅亞斯（Philip G Rojas）、凱莉・盧比（Carrie Ruby）、布蘭登・萊恩（Brendan Ryan）、普拉莎娜・薩加亞拉吉（Prasanna Sagayaraj）、薩瑪・山繆（Samar Samuel）、史帝夫・珊坦吉羅（Steve Santangelo）、麥可・席漢（Michael Sheehan）、布萊恩・徐（Brian Shu）、伊莉莎白・西加（Elizabeth Sigal）、喬書亞・史拉比（Joshua Slaby）、阿奎利斯・索里達（Aquiles Soledad）、璜・索托（Juan Soto）、馬克・史蒂文森（Marc Stevenson）、沙尼希・蘇克山（Saneesh Sukesan）、梅莉莎・薩瑪拉比（Melisa Sumalabe）、喬書亞・史瓦米（Joshua Swamy）、路克・史瓦米（Luke Swamy）、迪米崔・提歐多羅波羅斯（Dimitri Theodoropoulos）、吉努・湯瑪斯（Jinu Thomas）、馬克・塔瓦提斯（Mark Thwaites）、艾弗隆・托比亞斯（Avrom Tobias）、安德蕾亞・瓦拉塔（Andrea Vallarta）、湯瑪斯・維克（Thomas Weick）、傑拉米・威蘭（Jerome Whelan）、麥克・威廉斯（Michael J Williams）、凱洛・沃夫（Carol Wolf）、傑瑞米・楊（Jeremy Yan）、卡爾森・尤（Carlson Yu）、喬書亞・趙（Joshua Yuzhe Zhao）、羅尼・吉巴拉（Rony Zibara）。

誠摯地感謝我們的親朋好友：

蕾娜的部分：對我啟發最大同時也是業界最棒的品牌專家和廣告人賴瑞‧普拉派爾（Larry Plapler）、哈黛莎‧普拉派爾（Hadasa Plapler）、艾美利亞‧普拉派爾（Amelia Plapler）、迪娜‧普拉派爾（Dina Plapler）、厄爾‧麥馬漢（Earl McMahon）、大衛‧麥馬漢（David McMahon）、史蒂文‧麥馬漢（Steven McMahon）、班哲明‧卡茲（Benjamin Katz）、傑克森‧卡茲（Jackson Katz）、法蘭‧葛姆雷（Fran Gormley）、奈傑爾‧卡爾（Nigel Carr）、安‧史瓦婁（Ann Swallow）、茱莉‧法托斯（Julie Fotos）、羅伯特‧康登（Robert Condon）、艾倫‧迪里索（Ellen DeRiso）以及傑基‧葛洛斯曼（Jacky Grossman）。

馬里奧的部分：致我親密的品牌們：羅拉‧莫納多（Laura Monardo）、伊莎貝拉‧納塔雷利（Isabella Natarelli）、奧莉維亞‧納塔雷利（Olivia Natarelli）、維多利亞‧納塔雷利（Vittoria Natarelli）、珍泰爾‧納塔雷利（Gentile Natarelli）、安娜‧普羅文札諾（Anna Provenzano）、凱西‧伊凡斯（Cathie Evans）、法斯托‧納塔雷利（Fausto Natarelli）、羅奧‧納塔雷利（Lou Natarelli）、盧西亞‧莫納多（Lucia Monardo）、艾吉迪歐‧莫納多（Egidio Monardo）、賈斯佩羅‧普羅文札諾（Guspare Provenzano）、約翰‧伊凡斯（John Evans）、路易莎‧納塔雷利（Luisa Natarelli）、喬安‧納塔雷利（Joanne Natarelli）、安娜‧羅塞提（Anna Rossetti）、約翰‧羅塞提（John Rossetti）、卡門‧拉格（Carmen Lago）、喬治‧拉格（George Lago）、加布瑞爾‧迪安德雷亞（Gabriel D'Andrea）、安娜‧迪安德雷亞（Anna D'Andrea）、法蘭西斯柯‧普羅文札諾（Francesco Provenzano）、馬修‧羅塞提（Matthew Rossetti）、克里斯提娜‧納塔雷利（Christina Natarelli）、喬‧伊凡斯（Joe Evans）、維多利亞‧納塔雷利（Vittoria Natarelli）、莎拉‧羅塞提（Sarah Rossetti）、吉姆‧伊凡斯（Jim Evans）、葛麗絲‧納塔雷利（Grace Natarelli）、蘿絲‧納塔雷利（Rose Natarelli）、艾莉莎‧納塔雷利（Elisa Natarelli）、史帝夫‧伊凡斯（Steve Evans）、馬克‧拉格（Mark Lago）、艾力克斯‧拉格（Alex Lago）、里歐‧迪安德雷亞（Leo D'Andrea）、盧西歐‧佐皮（Lucio Zoppi）以及家人。

向對我們啟發至深的客戶和商業界夥伴致上十二萬分謝意：

阿提夫‧阿杜瑪利克（Atif Abdulmalik）、莫麥德‧阿拉巴（HE Mommad Alabbar）、瓦西德‧阿塔拉（Wahid Attalla）、拉席德‧艾爾瑪利克（Rashid Al Malik）、馬爾彎‧艾爾瑟卡（Marwan Al Serkhal）、卡立德‧艾爾札魯尼（Khalid Al Zarooni）、強納森‧貝爾（Jonathan Bell）、卡提‧柏古（Kati Bergou）、蘇坦賓蘇雷恩（HE Sultan bin Sulayem）、泰米‧柏克（Tammy Burke）、佩吉‧寇斯提根（Paige Costigan）、璜‧帕布羅迪瓦勒（Juan Pablo De Valle）、達奈‧迪契（Danah Ditzig）、比爾‧黑斯（Bill Hays）、傑夫‧賀爾錫（Jeff Hirsch）、西門‧荷岡（Simon Horgan）、大衛‧傑克森

（David Jackson）、伊萊恩・瓊斯（Elaine Jones）、彼得・克勞斯（Peter Krauss）、蘇珊・拉文（Suzanne Lavin）、賈茲亞・穆罕默德（Jazia Mohammed）、漢薩・穆斯塔法、安德蕾亞・普洛契尼亞克（Andrea Prochniak）、理查・魯本斯坦、薩伊德・阿梅德・薩伊德（Saeed Ahmed Saeed）、大衛・史賓瑟、保羅・陶柏曼（Paul Taubman）。

參考資料：注釋

1. L. Story（2007 年 1 月），"Anywhere the Eye Can See, It's Likely to See an Ad"，http://www.nytimes.com/2007/01/15/business/media/15everywhere.html?。

2. Chris Bolman，"How to Win Anyone's Attention"，Percolate，2014 年 9 月 25 日，https://blog.percolate.com/2014/09/how-to-win-anyones-attention/。

3. Y. Chen（2015 年 3 月），"84 Percent of Millennials Don't Trust Traditional Advertising"，http://www.clickz.com/clickz/news/。

4. John Egan，"18 statistics that marketers need to know about millennials"，LeadsCon，2015 年 1 月 22 日，http://www.leadscon。

5. S. Asknert（2015 年 4 月），"Nielsen study - Global Trust in Advertising 2015"，https://company.trnd.com/en/blog/nielsen-study-global-trust-in-advertising-2015。

6. "State of the American Consumer: Insights for Business Leaders"，Gallup 2014。

7. Alan Zorfas 和 Don Leemon，"An Emotional Connection Matters More than Customer Satisfaction"，《哈佛商業評論》，2016 年 8 月 29 日。

8. 同上。

9. Peter N. Murray 博士，"How Emotions Influence What We Buy"，Psychology Today，https://www.psychologytoday.com/blog/inside-the-consumer-mind/201302/how-emotions-influence-what-we-buy。

10. "Cisco Visual Networking Index: Global Mobile Data Traffic Forecast Update"，2002–2017 年，2013 年 2 月 6 日，http://cisco.com/en/US/solutions/collateral/ns341/ns525/ns537/ns705/ns827/white_paper_c11-520862.html。

11. IBM 商業價值研究院（IBM Institute for Business Value），"CMOs and CIOs"，2011 年，http://public.dhe.ibm.com/common/ssi/ecm/en/gbe03513usen/GBE03513USEN.PDF。

12. "What Is 'Haptic Feedback'?"，MobileBurn，2013 年，http://www.mobileburn.com/definition.jsp?term=haptic+feedback。

13. G. Dublon 和 J. A. Paradiso，"Extra Sensory Perception"，《科學人雜誌》（Scientific American），2014 年 7 月，最後瀏覽日期：2014 年 8 月 1 日，http://www.scientificamerican.com/article/how-a-sensor-filled-world-will-change-human-consciousness/。

14. 同上。
15. 同上。
16. 同上。

17. J. Geirland，"Go With the Flow"，《連線》雜誌（Wired），4.09 期，1996 年 9 月，網址：http://archive.wired.com/wired/archive/4.09/czik.html。

18. "Introduction to Google Glass"，《衛報》（The Guardian），2014 年 6 月 2 日，https://www.theguardian.com/guardian-masterclasses/introduction-to-google-glass-michael-rosenblum-digital-course。

19. "Watch"，蘋果，2014 年，https://www.apple.com/watch/overview/。

20. M. Zuckerberg，Facebook 貼文，2014 年 3 月 25 日，網址：https://www.facebook.com/zuck/posts/10101319050523971。

21. D. Carnegie，"The Rule of Balance—Logical Mind vs. Emotional Heart"，Westside Toastmasters，http://westsidetoastmasters.com/resources/laws_persuasion/chap14.html。

22. Alain Samson 編著，The Behavioral Economics Guide 2014，http://www.behavioraleconomics.com/BEGuide2014.pdf。

23. Antonio Damasio，The Feeling of What Happens，Houghton Mifflin Harcourt Publishing Company，1999 年。

24. Daniel Kahneman，Thinking Fast and Slow，Farrar, Straus and Giroux，2011 年。

®

25. 同上。

26. Jonathan Haidt，The Righteous Mind: Why Good People are Divided by Religion and Politics，Penguin Random House，2012 年。

27. 同上。

28. Alain Samson 編著，The Behavioral Economics Guide 2014，http://www.behavioraleconomics.com/BEGuide2014.pdf。

29. 同上。

30. "Net Promoter"，維基百科（Wikipedia），2017 年 3 月 16 日，https://en.wikipedia.org/wiki/Net_Promoter。

31. F. Reichheld（2003 年 12 月），"One Number You Need to Grow"，《哈佛商業評論》，https://en.wikipedia.org/wiki/Net_Promoter- cite_note-OneNumber-3。

32. "What is Net Promoter"，https://www.netpromoter.com, 2017。

33. "Walker Loyalty Matrix"，Walker，2013 年，http://www.walkerinfo.com/docs/WP-The-Walker-Loyalty-Matrix.pdf。

34. Nancy Giddens，"Brand Loyalty"，愛荷華州立大學，2010 年 8 月，http://www.extension.iastate.edu/agdm/wholefarm/html/c5-54.html。

35. M. Uncles、A.S.C. Ehrenberg 和 K. Hammond，"Patterns of Buyer Behavior: Regularities, Models, and Extensions"，《行銷科學》（Marketing Science），第 14 冊第 3 期（1995 年），頁 G71–G78。

36. 同上。

37. Byron Sharp，How Brands Grow，Oxford University Press，2010 年 3 月，頁 x1。

38. Paul Marsden，"How Brands Grow [Speed Summary] Brand Genetics"，2012 年 11 月，http://brandgenetics.com/how-brands-grow-speed-summary/。

39. "BrandAsset Valuator"，Young & Rubicam Group，2003 年，http://www.yrbav.com/about_bav/bav%20blue%20book.pdf。

40. Interbrand，"Methodology"，http://interbrand.com/best-brands/best-global-brands/methodology/。

41. Michael Treacy 和 Fred Wiersema，"Customer Intimacy and Other Value Disciplines"，《哈佛商業評論》，1993 年 1 至 2 月，www.a3o.be/materialen-en-links/images/…/treacywiersema.pdf。

42. 同上。

43. 同上。

44. Michael Treacy 和 Fred Wiersema，The Discipline of Market Leaders，Addison-Wesley，1995 年。

45. 同上。

46. Giselle Abramovich，"How Brands De ne Engagement"，Digiday，2012 年 8 月 29 日，http://www.digiday.com/brands/how-brands- define-engagement/。

47. Gensler，"2013 Brand Engagement Survey: The Emotional Power of Brands"，2013 年，http://www.gensler.com/uploads/document/354/le/2013_Brand_Engagement_Survey_10_21_2013.pdf。

48. "How Do I Know a Lovemark?"，上奇廣告，2013 年，http://www.lovemarks.com/index.php?pageID=20020。

49. "The Lovemark Pro ler"，上奇廣告，2013 年，http://www.lovemarks.com/index.php?pageID=20031。

50. 同上。

51. "Apple"，上奇廣告，2013 年，http://www.lovemarks.com/index.php?pageID=20015&lovemarkid=135。

52. M. Gobé，Emotional branding: The new paradigm for connecting brands to people，New York: Allworth Press，2009 年。

53. Andrea Diahann Gay Scot，Relationship advertising: Investigating the strategic appeal of intimacy (disclosure) in services marketing，南佛羅里達大學，2004 年。

54. 同上。

55. 同上。

56. Rowland Miller 和 Daniel Perlman，Intimate Relationships（5 版），McGraw-Hill，2008 年。

57. 同上。

58. W. James（1890 年），"The Principles of Psychology"，http://psychclassics.yorku.ca/James/Principles/prin10.htm。

59. M. Cardillo（1998 年 8 月），"Intimate Relationships: Personality Development Through Interaction During Early Life"，http://www.personalityresearch.org/papers/cardillo.html。

60. 同上。

61. 同上。

62. M. Cardillo（1998 年），Intimate relationships: personality development through interaction duri ng early life，檢索自：http://www.personalityresearch.org/papers/cardillo.html。

63. R. J. Sternberg（1986 年），A triangular theory of love，Psychological Review，93，https://en.w ikipedia.org/wiki/Triangular_theory_of_love。

64. 同上。

65. S. A. McLeod，"Erik Erikson—Psychosocial Stages"，Simply Psychology，2008 年，http://www. simplypsychology.org/Erik-Erikson.html。

66. 同上。

67. Richard I. Evans，Dialogue with Erik Erikson，Harper & Row，New York，1967 年，頁 48。

68. Maintenance of Relationships，5-Stage George Levinger model，1980 年，Integrated SocioPsychology，http://www.integratedsocio psychology.net/Relationship_Maintenance/5-stagemodel-GeorgeLevinger1980. html。

69. G. Levinger（1976 年），A Social Psychological Perspective on Marital Dissolution，Journal of Social Issues，32: 21–47，doi:10.1111/j.1540-4560.1976. tb02478.x。

70. A. Scott，Relationship advertising: Investigating the strategic appeal of intimacy (disclosure) in services marketing（2004 年），Graduate Theses and Dissertations，scholarcommons.usf. edu/etd/124。

71. 同上。

72. J. P. Laurenceau，"Intimacy as Interpersonal Process: the Importance of Self-Disclosure, Partner Disclosure, and Perceived Partner Responsive in Interpersonal Exchanges"，Researchgate. net，https://www.researchgate.net/publication/13685624_Intimacy_as_an_Interpersonal_ Process_the_Importance_of_Self-Disclosure_Partner_Disclosure_and_Perceived_Partner_ Responsiveness_in_Interpersonal_Exchanges。

73. 同上。

74. A. Scott，Relationship advertising: Investigating the strategic appeal of intimacy (disclosure) in services marketing（2004 年），http://scholarcommons.usf.edu/cgi/viewcontent.cgi?article= 2240&c ontext=etd。

75. 同上。

76. Andrea Diahann Gay Scott，Relationship advertising: Investigating the strategic appeal of intimacy (disclosure) in services marketing，南佛羅里達大學，2004 年。

77. Beverly Golden，"The Four Faces of Intimacy"，Healthy Living, Relationships，2012 年 2 月 8 日，http://intentblog.com/the-four-faces-of-intimacy/。

78. Richard I. Evans，Dialogue with Erik Erikson，New York: Harper & Row，1967 年，頁 48。

79. 同上。

80. Christopher Booker，The Seven Basic Plots: Why We Tell Stories，London: Bloomsbury，2006 年。

81. "Brand Finance Global 500 2016"，Brand Finance，2015 年 2 月，最後瀏覽日期：2016 年 12 月 5 日，http://brandfinance.com/images/upload/global_500_2016_for_print.pdf。

82. Craig Smith，"Amazing Amazon Facts and Statistics"，DMR Stats/Gadgets，2016 年 8 月 30 日。

83. "Reinventing Retail: What Businesses Need to Know for 2015"，Walker Sands Communications，最後瀏覽日期：2015 年 11 月 18 日，http://www.walkersands.com/pdf/2015-future-of-retail.pdf。

84. "Financial Statements for Amazon.com, Inc."，Bloomberg Business，最後瀏覽日期：2015 年 9 月 18 日，http://www.bloomberg.com/research/stocks/financials/financials.asp?ticker=AMZN。

85. Kevin Kelleher，"Amazon's Secret Weapon is Making Money Like Crazy"，《時代》雜誌（Time），2015 年 10 月 23 日，http://time.com/4084897/amazon-amzn-aws/。

86. "Newsroom: Fast Facts"，WholeFoodsMarket.com.，最後瀏覽日期：2015 年 9 月 18 日，http://media.wholefoodsmarket.com/fast-facts/。

87. 同上。

88. Jim Stengel，Grow: How Ideals Power Growth and Profit at the World's Greatest Companies，New York: Crown Publishing，2011 年 12 月。

89. Brandon Gaille，20 Incredible Starbucks Statistics，Brandon Gaille.com，2013 年 11 月 15 日。

90. Xun (Irene) Huang、Zhongqiang (Tak) Huang 和 Robert S. Wyer，"Slowing, Down in the Good Old Days: The Eects of Nostalgia on Consumer Patience"，Journal of Consumer Research，43 冊第 3 期，2016 年 10 月 1 日。

91. "LEGO Consumer Insights"，InfoScout。

92. "The Brick: Annual Magazine 2010"，LEGO，2010 年。

93. "Picking Up the Pieces"，《經濟學人》（The Economist），2006 年 10 月 26 日。

Ⓡ

94. 同上。

95. Martin Lindstrom，"LEGO engineered a remarkable turnaround of its business. How'd that happen?"，LinkedIn，2016 年 3 月 5 日。

96. 同上。

97. Ashley Lutz，"LEGO made 3 changes to become the world's most powerful toy company"，Business Insider，2015 年 5 月 12 日。

98. Finance Brand，"LEGO overtakes Ferrari as World's Most Valuable Brand"，2015 年。

99. About Us，Sephora.com。

100. The Pink Report 2015: The Sephora Shopper Beauty Packaging，2015 年 6 月。

101. Denis Herich，"What is the Sephora Shopping Seeking?"，Global Cosmetic Industry，2015 年 9 月 20 日。

102. Lauren Johnson，"Netflix's Gilmore Girls Pop-up Coffee Shops Were a Massive Hit on Snapchat"，《廣告週刊》，2016 年 10 月 25 日，最後瀏覽日期：2017 年 7 月 9 日，http://www.adweek.com/digital/netflixs-gilmore-girls-pop-coffee-shops-were-massive-hit-snapchat-174248/。

103. 同上。

104. Caoimhe Gaskin，"5 Creative Snapchat Campaigns to Learn From"，Digital Marketing Institute，2017 年 7 月 5 日，最後瀏覽日期：2017 年 7 月 9 日，https://digitalmarketinginstitute.com /blog/2017-5-23-5-snapchat-marketing-campaigns-to-learn-from。

105. Aaron Aguis，"The 10 Best Social Media Campaigns of 2016 So Far"，Social Media Today，2016 年 7 月 28 日。

106. "BMW ULTIMATE BENEFITS™"，BMW Ultimate Benefits，未出版，無日期，最後瀏覽日期：2017 年 7 月 9 日，https://www.bmwusa.com/ultimate-benefits.html。

107. Exclusive Benefits For 2016 BMW 7 Series Owners，BMW North America，未出版，2016 年 5 月 10 日，最後瀏覽日期：2017 年 7 月 9 日，http://www.bmwusa.com/Standard/Content/Owner/7Series_UltimateBenefits.aspx。

108. Tent Partners，Top 100 Most Powerful Brands of 2016，https://tenetpartners.com/top100/most-powerful-brands-list.html。

109. "Welcome to the Mercedes-Benz Club of America"，MBCA，未出版，2016 年 2 月 12 日，最後瀏覽日期：2017 年 7 月 9 日，https://www.mbca.org/about-us。

110. 同上。

111. Jonathan Schultz，"Carmakers form partnerships with niche brands to stand out"，《紐約時報》（New York Times），2016 年 3 月 11 日，頁 84。

112. Michelle Drew、Steve Schmith、Candan Erenguc 和 Bharath Gangula，"2014 Global Automotive Consumer Study"，Auto News，https://www.autonews.com/assets/PDF/CA92618116.PDF。

113. Glenn Rifkin，"How Harley Davidson Revs Its Brand"，Strategy + Business，1997 年 10 月 1 日，http://www.strategy-business.com/article/12878?gko= aa3。

114. Tim Nudd，"Diet Coke Is Retweeting Its Biggest Fans in Suddenly Extravagant Ways"，《廣告週刊》，2015 年 9 月 2 日，http://www.adweek.com/adfreak/diet-coke-retweeting-its-biggest-fans-suddenly-extravagant-ways-166687。

115. Sarah Coppens、Coca-Cola 和 Share a Coke，The Art of Good Advertising，2015 年 10 月 20 日，https://theartofgoodadvertising.wordpress.com/2015/10/20/coca-cola-share-a-coke/。

116. Rick arrett，"Harley-Davidson cracks the millennials'code with bikes, events"，http://www.southbendtribune.com/news/business/harley-davidson-cracks-the-millennials-code-with-bikes-events/article_c9ab3abf-aa9a-58c2-9443-8ced6f39cd21.html。

117. James Hagerty，"Harley-Davidson's Hurdle: Attracting Young Motorcycle Riders"，http://www.wsj.com/articles/can-harley-davidson-spark-a-motorcycle-counterculture-1434706201。

118. "Top 10 Trusted Brands: What Brands to Male and Female Consumers Trust the Most?"，尼爾森（Nielsen），2015 年 8 月 31 日。

119. "Decoding the Female Consumer & Brand Loyalty"，Harbinger Communications，2014 年 10 月 9 日。

120. Apple Inc.（2017 年），Q4 FY16 Consolidated Financial Statements，檢索自 http://images.apple .com/newsroom/pdfs/Q4FY16ConsolidatedFinancialStatements.pdf。

121. D. Reisinger（2017 年 3 月 6 日），"Here's How Many iPhones Are Currently Being Used World wide"，《富比士》（Forbes），檢索自 http://fortune.com/2017/03/06/apple-iphone-use-world wide/。

122. David E. Weekly，Be Yourself，https://byrslf.co/dear-foursquare-c7c441fdf25e#.5a7uejrcx。

123. Social Networking Fact Sheet，皮尤研究中心（Pew Research Center），2013 年 12 月 27 日，http://www.pewinternet.org/fact-sheets/social-networking-fact-sheet/。

參考資料：影像來源

p.26: UPS logo by Paul Rand

p.26: UPS logo by FutureBrand

p.27: Various UPS rebranded touchpoints

p.29（左）: Intel's corporate brand and ingredient brand

p.29（右）: Intel's new corporate identity

p.31: Various rebranding American Airlines touchpoints

p.35: Marketing materials, The Palm

p.65: NPS Fred Reichheld, Bain & Company, and Satmetrix Systems

p.70: Walker's Loyalty Matrix, Walkerinfo.com

p.74: Interbrand's Brand Valuation Model, Interbrand.com

p.89: Maintenance of Relationships, 5 Stage George Levinger model, 1980 p.92: Scott, Andrea Diahann Gay, Relationship advertising: Investigating the strategic appeal of intimacy (disclosure) in services marketing. University of South Florida, 2004

p.94: Golden, Beverly, The Four Faces of Intimacy, BeverlyGolden.com

p.189: Adweek, 2016

p.192: Make A Wish

p.201: KBS Advertising, Anna Yeager, Art Director, Behance.com

p.202: MBCAEF.org

p.209: MororcycleUSA.com

p.210: Adweek, 2015

p.249: Ryan Block, Comcastic service disconnection, soundcloud.com/ryan-block-10

p.251: DaveCarrolMusic.com

p.252: The Daily Banter, 2017

p.253: iTunes op out, Apple.com

p.255: David E. Weekly, byrslf.co

作者照片 : Mike Sheehan Photography

方向 63

品牌親密度

6 大原型 ×3 大階段 ×3 大層級，增強品牌與消費者互動與共鳴，圈粉又圈錢

Brand Intimacy: A New Paradigm in Marketing

作　　者：馬里奧‧納塔雷利（Mario Natarelli）、蕾娜‧普拉派爾（Rina Plapler）
譯　　者：溫力秦
資深編輯：劉瑋
校　　對：劉瑋、林佳慧
封面設計：張巖
美術設計：YuJu
寶鼎行銷顧問：劉邦寧

發 行 人：洪祺祥
副總經理：洪偉傑
副總編輯：林佳慧
法律顧問：建大法律事務所
財務顧問：高威會計師事務所
出　　版：日月文化出版股份有限公司
製　　作：寶鼎出版
地　　址：台北市信義路三段 151 號 8 樓
電　　話：(02)2708-5509 ／傳　真：(02)2708-6157
客服信箱：service@heliopolis.com.tw
網　　址：www.heliopolis.com.tw
郵撥帳號：19716071 日月文化出版股份有限公司

總經銷：聯合發行股份有限公司
電　　話：(02)2917-8022 ／傳　真 (02)2915-7212
製版印刷：中原造像股份有限公司
初　　版：2019 年 5 月
初版四刷：2020 年 11 月
定　　價：420 元
ISBN：978-986-248-806-5

Language Translation copyright © 2019 by Heliopolis Culture Group
BRAND INTIMACY, Copyright © 2017 All Rights Reserved. Originally Published by Hatherleigh Press. Published by arrangement with Yorwerth Associates, LLC through Andrew Nurnberg Associates International Limited.

國家圖書館出版品預行編目資料

品牌親密度：6 大原型 ×3 大階段 ×3 大層級，增強品牌與消費者互動與共鳴，圈粉又圈錢／馬里奧‧納塔雷利（Mario Natarelli）、蕾娜‧普拉派爾（Rina Plapler）著 . -- 初版 . -- 臺北市：日月文化，2019.05
320 面；14.7×21 公分 . --（方向；63）
譯自：Brand Intimacy: A New Paradigm in Marketing
ISBN 978-986-248-806-5（平裝）

1. 品牌行銷 2. 行銷學
496　　　　　　　　　　　108004711

日月文化集團
HELIOPOLIS
CULTURE GROUP

客服專線 02-2708-5509
客服傳真 02-2708-6157
客服信箱 service@heliopolis.com.tw

日月文化集團 讀者服務部 收

10658 台北市信義路三段151號8樓

對折黏貼後，即可直接郵寄

日月文化網址：**www.heliopolis.com.tw**

最新消息、活動，請參考 FB 粉絲團

大量訂購，另有折扣優惠，請洽客服中心（詳見本頁上方所示連絡方式）。

大好書屋

寶鼎出版

山岳文化

EZ TALK

EZ Japan

EZ Korea

大好書屋・寶鼎出版・山岳文化・洪圖出版　EZ 叢書館　EZ Korea　EZ TALK　EZ Japan

感謝您購買　品牌親密度：6大原型×3大階段×3大層級，增強品牌與消費者互動與共鳴，圈粉又圈錢

為提供完整服務與快速資訊，請詳細填寫以下資料，傳真至02-2708-6157或免貼郵票寄回，我們將不定期提供您最新資訊及最新優惠。

1. 姓名：_____　性別：□男　　□女

2. 生日：_____年_____月_____日　職業：_____

3. 電話：（請務必填寫一種聯絡方式）

　（日）_____（夜）_____（手機）_____

4. 地址：□□□

5. 電子信箱：_____

6. 您從何處購買此書？□_____縣/市_____書店/量販超商

　□_____網路書店　　□書展　　□郵購　　□其他

7. 您何時購買此書？　　年　　月　　日

8. 您購買此書的原因：（可複選）

　□對書的主題有興趣　　□作者　　□出版社　　□工作所需　　□生活所需

　□資訊豐富　　□價格合理（若不合理，您覺得合理價格應為_____）

　□封面/版面編排　　□其他_____

9. 您從何處得知這本書的消息：　□書店　□網路／電子報　□量販超商　□報紙

　□雜誌　□廣播　□電視　□他人推薦　□其他

10. 您對本書的評價：（1.非常滿意 2.滿意 3.普通 4.不滿意 5.非常不滿意）

　書名_____　內容_____　封面設計_____　版面編排_____　文/譯筆_____

11. 您通常以何種方式購書？□書店　　□網路　　□傳真訂購　　□郵政劃撥　　□其他

12. 您最喜歡在何處買書？

　□_____縣/市_____書店/量販超商　　□網路書店

13. 您希望我們未來出版何種主題的書？_____

14. 您認為本書還須改進的地方？提供我們的建議？

_____

_____

_____

悅讀的需要，出版的方向